SO VERSTEHEN SIE IHRE KATZE

FRANCESCA RICCOMINI

SO VERSTEHEN SIE IHRE KATZE

Verhalten • Entwicklung • Gesundheit

ins Deutsche übertragen von Inge Uffelmann

ISBN 978-3-8094-2502-1

Originaltitel: Know your cat
Die Originalausgabe ist erstmals 2008 bei Hamlyn, einem Verlag der Octopus Publishing Group Ltd, 2–4 Heron Quays, London E14 4JP, erschienen.

Umschlaggestaltung: Atelier Versen, Bad Aibling
Fotos: siehe Bildnachweis Seite 160
Gestaltung: Ginny Zeal
Übersetzung: Inge Uffelmann, Bayreuth
Redaktion: Herta Winkler
Bildredaktion: Giulia Hetherington
Herstellung: Sonja Storz
Satz: Filmsatz Schröter, München

Printed and bound in China

Die Ratschläge und Informationen in diesem Buch sind von Autorin und Verlag sorgfältig erwogen und geprüft, dennoch kann eine Garantie nicht übernommen werden. Eine Haftung der Autorin bzw. des Verlags und seiner Beauftragten für Personen-, Sach- und Vermögensschäden ist ausgeschlossen.

817 2635 4453 6271

Anmerkung
Die Ratschläge in diesem Buch sind allgemeine Informationen und ersetzen im Einzelfall nicht die Konsultation eines Tierarztes oder Tierverhaltenstrainers.
Bei der Entstehung dieses Buches wurde keine Katze in irgendeiner Weise physisch oder psychisch beeinträchtigt.

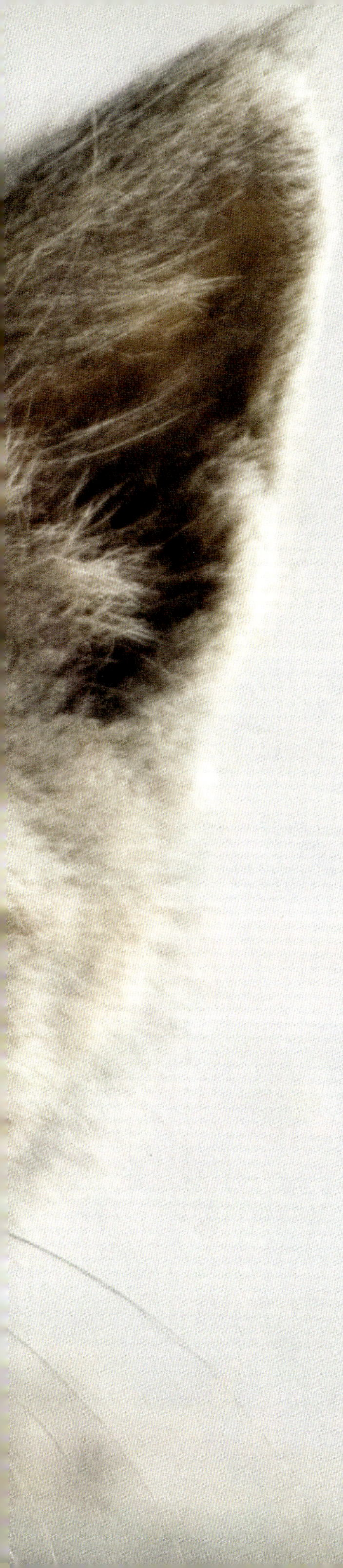

Inhalt

Einführung 6

Was ist eine Katze? 10

Normales Verhalten 36

Veranlagung und Persönlichkeit 74

Entwicklung einer Katze 82

Fragen des Lebensstils 104

Gesundheit und Krankheit 120

Alltägliches und Außergewöhnliches 130

Verhaltensstörungen 146

Register 158

Danksagung 160

Einführung

In vielen Teilen der Welt erfreuen sich Katzen zunehmender Beliebtheit. Da sie als unabhängig gelten, weniger Zuwendung brauchen als Hunde und dennoch sehr unterhaltsame Hausgenossen sind, halten gerade berufstätige Menschen sie für ideale Haustiere. Meist fügen sie sich mit solcher Leichtigkeit in unsere Häuser und Wohnungen ein und kommen so problemlos mit uns Menschen zurande, dass man leicht übersehen kann, dass es sich bei ihnen um Tiere handelt. Sie teilen den Wohnraum mit uns, bringen Freude in unser Leben, nehmen an unseren Aktivitäten teil, tatsächlich aber denken, fühlen und handeln sie wie die Raubtiere, die sie sind. In unserem Umgang mit ihnen vergessen wir das nur zu leicht. Wenn wir sie aber wie kleine Menschen behandeln, dann beeinträchtigen wir ihr Wohlbefinden ganz erheblich. Das kann dann zu Verhaltensstörungen führen, die selbst die Beziehungen zu den liebsten unserer Haustiere schwer belasten.

***Rechts:** Wer das Verhalten seiner Katze versteht, hat in ihr einen glücklichen, zufriedenen, Freude bringenden Hausgenossen.*

Wo stammen die Katzen her?

Wenn sich Ihre Katze wohl fühlen soll, dann müssen Ihre Erwartungen dem Tier gegenüber realistisch und fair sein. Das kann nur gelingen, wenn Sie die Gründe des faszinierenden und manchmal verwirrenden Verhaltens Ihrer Katze kennen. Nur wenn das, was Ihre Katze tut, Sie nicht verwundert, können Sie ein geduldiger, gut sorgender Tierhalter sein. Nur wenn Sie Ihre Katze verstehen, werden Sie Freude an diesem Vertreter der Gattung *Felis silvestris catus* haben, der sich bereit fand, mit Ihnen zu leben und sich von Ihnen umsorgen und lieben zu lassen.

Die ersten Hauskatzen

Damit Sie Ihre Katze wirklich verstehen, müssen Sie ein wenig über ihre Herkunft wissen. Bedenkt man, wie lange es schon domestizierte Katzen gibt, ist es allerdings überraschend, wie viel wir noch immer zu lernen haben. Wenigstens ist durch genetische und anatomische Studien gesichert, dass die Afrikanische Wildkatze *(Felis silvestris lybica)* der ursprüngliche Vorfahre aller heutigen Hauskatzen ist.

Alle Katzen, vom Löwen bis zu unseren Hauskatzen, gehören zur Familie der Felidae. Innerhalb dieser Familie werden alle kleinen Katzen als *Felis* klassifiziert. Zu den Wildkatzen *(Felis silvestris)* gehören außer Ihrem Liebling auch die Europäische Wildkatze *(F. silvestris silvestris)*, die Afrikanische Wildkatze *(F. silvestris lybica)*, die Indische Wildkatze *(F. silvestris ornata)* und die Hauskatze *(F. silvestris catus)*. Wie der Prozess der Domestizierung vor sich ging, ist im Einzelnen nicht bekannt, doch beobachten wir unsere Haustiere, dann sehen wir die Nachkommen der wilden Feliden, die durch die afrikanischen Savannen streiften.

Ein 9500 Jahre altes Grab auf Zypern, in dem ein Mensch zusammen mit einer Katze beigesetzt war, liefert den frühesten Beleg für ein Zusammenleben. Doch es waren die alten Ägypter, die erkannten, dass Katzen gezielt auf die kleinen Nager angesetzt werden konnten, die in die Getreidespeicher eindrangen. Später brachten die Römer ihre domestizierten Katzen (und ihre Schoßhunde) in die von ihnen beherrschten Teile der Welt. Man sollte meinen, der Mensch hätte angesichts dessen reichlich Zeit gehabt, das Verhalten der Hauskatzen zu beeinflussen, doch – anders als Hunde – haben sich Katzen weitgehend die Freiheit bewahrt, sich ihre Partner selbst zu wählen. Seit ihre Vorfahren sich entschlossen, in menschliche Siedlungen zu kommen und nahe bei den Menschen zu leben, haben sie fast immer selbst darüber entschieden, ob sie bleiben oder wieder gehen.

Erst im 20. Jahrhundert wuchs das Interesse an den verschiedenen Katzenrassen, die sich in verschiedenen Gebieten der Erde entwickelt hatten. Jetzt erst begann man mit gezielten Züchtungen, die bestimmte physische oder Verhaltensmerkmale betonten. Schließlich entwickelten sich daraus die vielen verschiedenen Rassekatzen, die wir heute kennen. Obwohl Katzen also seit Jahrhunderten Hausgenossen des Menschen waren, gab es bis in die jüngere Zeit kaum menschliche Eingriffe in ihre Eigenschaften und Verhaltensweisen. Von einigen bemerkenswerten Ausnahmen abgesehen, umschifften sie also recht unbeeinflusst alle Klippen, die Natur und Geschichte ihnen in den Weg legten.

Wenn Sie das Verhalten Ihrer Katze also wirklich verstehen wollen, dann müssen Sie so viel wie möglich über ihren Hintergrund und den ihrer Ahnen wissen. Vor allem sollten Sie sich kundig machen darüber:

- Wo Ihre Katze geboren wurde
- Wer und wie ihre Eltern waren
- Was sie in ihrer ersten Umgebung über unsere Welt lernte

Dass die Beobachtung des Verhaltens von Katzen, die in der Wüste oder Savanne oder auch als Streuner in den Städten leben, helfen kann, das Verhalten von Haustieren zu verstehen, mag etwas weit hergeholt klingen. Aber wenn Sie weiterlesen, werden Sie überrascht sein, wie sehr es zutrifft.

Die Verhaltensweisen, die den Vorfahren Ihrer Katze in der Wildnis zu überleben halfen, sind auch Ihrem Haustier noch eingeprägt, ob das unmittelbar sichtbar wird oder nicht. Je mehr Sie darüber wissen, wie und wo sich dieses artspezifische Verhalten entwickelte, desto besser werden sie verstehen, warum Ihre Katze tut, was sie tut. Und je besser Sie das verstehen, desto besser können Sie für sie sorgen. Das heißt aber auch, dass Sie verstehen müssen, was für ein einmaliges Wesen Ihre Katze ist, das sich von allen anderen Katzen, auch denen ihrer eigenen Familie, völlig unterscheiden kann. Genetisches Erbe, Lebenserfahrungen und Eigenschaften der Art kommen zusammen und lassen die große Bandbreite von Katzenpersönlichkeiten entstehen, die den Haltern dieser Tiere so viel Freude machen.

In diesem Buch werden nicht nur alle wichtigen Aspekte des Verhaltens Ihrer Katze erklärt, es werden auch die vielen Einflüsse beschrieben, die es geformt haben. Ziel ist es, Ihnen zu helfen, Ihre Katze kennen zu lernen. Dabei werden Sie feststellen, dass Ihre Katze auch Ihr Verhalten auf subtile Weise verändert hat.

Links: *Zur Faszination der Beobachtung von Katzen gehört auch die Erkenntnis, dass wir umso mehr zu entdecken haben, je mehr wir über sie lernen.*

WAS IST EINE KATZE?

Um diese Frage zu beantworten, müssen wir einen Blick auf die Umgebung werfen, aus der *Felis catus*, unsere Hauskatze, ursprünglich stammt. Die Ahnen unserer Katze entwickelten ihre Überlebensstrategien in einem wüstenähnlichen Lebensraum. Obwohl der Mensch die Katze aus der Wüste herausholte, steckt doch immer noch eine Menge Wüste in jeder Katze, das heißt, die Strategien, die ihr halfen in ihrem Habitat zu überleben, sind ihr noch immer eigen. Welche Einflüsse wir auf die Hauskatzen nahmen, ist noch immer nicht voll erfasst. Um die eigene Katze besser zu verstehen, soll zunächst geschaut werden, wie andere Exemplare der Art überleben, ihre Gene weitergeben, kommunizieren und sich dem Zusammenleben mit anderen Katzen und uns Menschen anpassen.

Jäger und Gejagte

Wie wir sind Katzen Säugetiere. Doch anders als wir sind sie reine Fleischfresser. Katzen, auch unsere Hauskatzen, sind also hoch entwickelte Jäger, die weit oben in der Nahrungskette angesiedelt sind. Kleine Nager und Vögel stellen ihre bevorzugte Beute dar.

Die Nahrungskette

Obgleich selbst Jäger, sind Katzen doch klein genug, selber Opfer größerer Karnivoren (Fleischfresser) oder großer Raubvögel zu werden. Diese eigene Verwundbarkeit, gepaart mit der Notwendigkeit, selbst erfolgreich jagen zu müssen, bestimmt ihr Verhalten. Katzen können es sich nicht leisten, unnötige Risiken einzugehen oder kostbare Energie zu verschwenden; einer der Gründe, weshalb sie Weltmeister im Dauerschlaf sind.

In Wüstengebieten, dem natürlichen Lebensraum der Vorfahren unserer Hauskatzen, sind kleine Nager, die hier ebenfalls ihr Leben fristen, die Beute der Wildkatzen. Von diesen Nagern gibt es zu wenige, als dass große Katzengruppen von ihnen leben könnten. Die Wildkatze ist folglich ein einsamer Jäger. Auch würde eine jagende Gruppe in einer Umgebung, die kaum Deckung bietet, die Beute vorzeitig aufscheuchen.

Überlebensstrategien

Um bei der Einzeljagd Erfolg zu haben, muss eine Katze die Beute aufspüren, sie belauern, sich an sie heranschleichen, sie plötzlich anspringen, fangen und töten. Dabei muss sie auf der Hut sein, denn auch die kleinste Maus kann, zumal wenn sie um ihr Leben kämpft, sehr schmerzhaft zubeißen. Alle Sinne der Katze (siehe Seite 14–17), nicht nur ihr Gehör, ihre Augen und ihr Geruchssinn, sondern auch ihre Tasthaare im Gesicht und an den Vorderpfoten sind auf die Jagd hin ausgebildet. Mit diesen empfindlichen Tasthaaren erspüren Katzen feinste Vibrationen in der Luft und im Boden. Angeblich sollen sie sogar die Fähigkeit haben, geologische Ereignisse, etwa bevorstehende Erdbeben, anzuzeigen. Betrachtet man die Sinne der Hauskatze, so lässt sich an ihnen ablesen, was für die wilden Vorfahren notwendig war, denn alle Züge ihres Körperbaus sind noch immer auf ein Überleben in freier Wildbahn angelegt.

Sich selbst Nahrung zu beschaffen ist nur ein Erfordernis für eine in einer harschen Umwelt lebende Wildkatze. Sie muss sich auch vor den Gefahren schützen, die ihr selbst drohen. Das ausgezeichnet zur Tarnung dienende getigerte Fell, das durch intensive Pflege glatt und glänzend gehalten wird, bietet zugleich Schutz vor den extremen Temperaturschwankungen, denn tags ist es in der Wüste heiß, nachts aber bitter kalt.

Auch die Anatomie der Katzen ist ganz auf ihren Lebensstil abgestimmt. Eine extrem flexible Wirbelsäule und ein schlanker, sehniger Körperbau erlauben ihr bestens, sich geduckt anzuschleichen und zum Angriff abrupt zu springen oder loszuspurten. Die Vorderpfoten sind mit scharfen Krallen bestückt, die greifen und die Beute halten können. Die starken Kiefer und die Reißzähne können für den effektiven Tötungsbiss ebenso eingesetzt werden wie zum Verzehr der Beute.

Links: *Hauskatzen verfügen noch über dieselben Fähigkeiten zur Jagd, die auch die Wildkatzen haben. Jahrtausende der Evolution haben diese Eigenschaften ausreifen lassen.*

Unten: *Alle der speziellen Umwelt geschuldeten evolutionären Anpassungen, die den Vorfahren unserer Katzen ihr Überleben sicherten, lassen sich auch bei unseren Hauskatzen noch beobachten.*

Die Sinne der Katze

Die bemerkenswerten Sinne der Katze gehören wohl zu den bekanntesten Eigenschaften dieser Tiere. Ihre Augen leuchten in der Nacht, und angeblich sollen sie in der Lage sein, drohende Erdbeben zu erspüren, auf gespannten Seilen zu balancieren und eine in weiter Entfernung fallende Stecknadel zu hören. All das mag übertrieben sein, dennoch ist die sensorische Ausstattung Ihrer Katze beeindruckend.

Alles wirkt zusammen

Die Kombination der mit allen Sinnen aufgenommenen Informationen verleiht Katzen ihre erstaunlichen Fähigkeiten. Ihr Geschmackssinn mag eingeschränkter sein als der des Menschen. Ihr Sehvermögen ist anders, nicht unbedingt besser als unseres, doch ihr Geruchssinn überragt den unseren gewaltig.

Pfoten und Krallen

Die Vorderpfoten der Katze sind mit Mechanorezeptoren ausgestattet, die beim Jagen eine wichtige Rolle spielen. Bei der Hauskatze kommen sie auch beim Spielen zum Zug. Indem sie mit der Pfote über die Oberfläche eines Objekts streichen, erhalten Katzen Informationen über dessen Beschaffenheit. Deshalb scheint es manchmal so, als würden sie ihre Nahrung spielerisch hin und her schieben oder mit Wasser »spielen«.

Trotzdem sind Katzen nicht die geschicktesten Tiere. Gezähmten Waschbären soll man schon beigebracht haben, Münzen in den Schlitz eines Sparschweins zu bugsieren, denn sie haben mehr Rezeptoren an den Pfoten.

Diese Rezeptoren, die sich auch an der Nase der Katze befinden, liegen an der Unterseite der Katzenpfote. Sie sind hoch spezialisiert und äußerst reizempfindlich. Das mag der Grund sein, weshalb viele Katzen es gar nicht mögen, wenn man ihre Pfoten berührt oder streichelt.

Tasthaare

Die langen, steifen Schurrhaare an der Oberlippe der Katze, die Tasthaare (Vibrissae) über den Augen, am Rücken und den Vorderpfoten nehmen Informationen über die Position von Kopf und Beinen im Verhältnis zur Umgebung auf, die an das Gehirn weitergeleitet werden. Sie dienen auch zur Orientierung bei schwachem Licht und reagieren auf Temperatur und Luftbewegung.

Die Tast- und Schnurrhaare verraten aber dem, der diese Zeichen zu deuten versteht, auch etwas über die Stimmung der Katze. Besteht Gefahr, aber auch beim Kampf und Fressen, kann die Katze die Tasthaare nach hinten ziehen. Zur Begrüßung oder um Informationen aufzunehmen, kann sie sie nach vorn ausrichten. Sie kann sie aber auch versteifen und seitlich ausstellen, wenn sie imponieren will.

Gehör

Katzen haben erstaunlich bewegliche Ohrmuscheln, die unabhängig voneinander bewegt werden können. Sie können das beobachten, wenn Ihre Katze auf einen Laut hört und feststellen will, woher er kommt. Diese Beweglichkeit, zusammen mit der Form und Größe der Ohren, ermöglicht der Katze, Geräusche genau zu orten; äußerst wichtig für ein in der Dämmerung jagendes Tier. Die scharfen, an die Dunkelheit angepassten Augen nehmen die Bewegung der Beute wahr und der kleinste Laut verrät der Katze genau, wo die

Oben: *Indem sie alle Informationen kombiniert, die ihre Sinne ihr vermitteln, ist eine Katze immer auf dem Laufenden über das, was um sie herum geschieht.*

Links: *Katzen haben Mechanorezeptoren an den Pfoten, die ihnen Informationen über die Gegenstände vermitteln, die sie berühren.*

Beute steckt. Das Zusammenspiel garantiert den Jagderfolg. Bei niedrigen Frequenzen (über 50 Hz) hört Ihre Katze wahrscheinlich kaum besser als Sie, doch im mittleren Frequenzbereich ist sie in ihrem Element. Hier hat sie eines der besten Gehöre aller Säugetiere, vor allem kann sie minimale Lautunterschiede hören. In den hohen Bereichen nehmen Katzen Geräusche wahr, die jenseits dessen liegen, was ein Mensch hören kann. Sie können folglich die von Mäusen ausgestoßenen hohen Töne wahrnehmen. Sollten Sie das Pech haben, dass Mäuse im Haus sind, so merken Sie es am besten am intensiven Lauschverhalten Ihrer Katze. Das erklärt aber auch, warum Katzen quietschende Spielzeuge den sich bloß bewegenden vorziehen: Sie bieten ihren Sinnen einfach mehr Abwechslung.

TASTSINN

Was ihren Tastsinn anlangt, ist Ihre Katze Ihnen kaum überlegen. Allerdings ist schwer zu sagen, wie sie Schmerz empfindet, weil das auch für Menschen eine sehr subjektive Empfindung ist. Da wir aber über vergleichbare anatomische Strukturen verfügen, sollten wir von einem ähnlich ausgeprägten Empfinden bei Katzen ausgehen und annehmen, dass Schmerz für sie so unangenehm ist wie für uns.

Wie wir haben Katzen reizempfindliche Zellen (Rezeptoren) in der Haut, die Empfindungen wahrnehmen. Über Nervenbahnen werden Informationen über diese Empfindungen zum Gehirn geleitet. Es gibt drei Arten von Rezeptoren:

- Mechanorezeptoren nehmen Berührung und Druck wahr. Ein Typ dieser Rezeptoren reagiert auf die Bewegungen der Haut und der Haare, ein anderer Typ nimmt Verlagerungen wahr, die durch intensiven Druck auf die fleischigen Ballen hervorgerufen werden.
- Thermorezeptoren nehmen die Temperatur wahr. Ein Typ dieser Rezeptoren reagiert auf Wärme, der andere auf Kälte.
- Nocirezeptoren nehmen Schmerz wahr.

Gleichgewicht

Die Ohren dienen der Katze nicht nur zum Hören. In ihrem Innenohr sitzt auch ihr besonders empfindliches Gleichgewichtsorgan. Zusammen mit ihrer großen Flexibilität sorgt es dafür, dass die Katze nicht nur hervorragend balancieren, sondern sich auch bei einem Sturz so ausrichten kann, dass sie auf den Füßen landet.

Augen

Die Ahnen Ihrer Katze sind Raubtiere, die hauptsächlich in der Morgen- und Abenddämmerung auf die Jagd gehen; die Augen der Katze sind also vor allem an schlechte Lichtverhältnisse gut angepasst. Wie wir hat die Katze eine binokulare Sicht, allerdings stehen ihre Augen etwas weiter auseinander. Katzen, die ein Auge verloren haben, kommen nach einer Zeit der Anpassung meist gut zurecht, sie müssen lediglich, um Entfernungen richtig einzuschätzen, den Kopf etwas mehr bewegen.

Die Augen der Katze sind weniger beweglich als die des Menschen – erkennbar am geringeren Anteil an Weiß, den man vom Katzenauge sieht –, doch die Pupillen können sich weiter öffnen und bis auf schmale Schlitze verengen. Das schützt den vergleichsweise größeren Augapfel und dient auch der Kommunikation.

Katzen sind nicht die einzigen Säugetiere mit einem *Tapetum lucidum* (auch Robben haben es), einer Art Spiegelfläche am Augenhintergrund. Da es nicht vollständig absorbiertes Licht reflektiert, leuchten Katzenaugen in der Dunkelheit. Seine eigentliche Funktion aber besteht darin, die Sehkraft des Auges bei Dämmerlicht um rund 40 Prozent zu verbessern. In völliger Dunkelheit allerdings sehen Katzen so wenig wie wir.

Was ihre Fähigkeit Farben zu sehen angeht, so weiß man, dass Katzen einige für das Farbsehen notwendige Zapfen auf der

Netzhaut haben. Doch offenbar verarbeitet das Gehirn die aufgenommenen Informationen nicht gut, denn Farben spielen für ein in den Dämmerung jagendes Tier nur eine geringe Rolle.

Erwachsene Katzen sind oft kurzsichtig. Ihre Augen sind dazu angelegt, eine sich rasch bewegende Beute in mehr als zwei Metern Entfernung zu erkennen. Um Objekte wahrzunehmen, die sich näher vor ihnen befinden, verlassen sie sich auf ihre Schnurrhaare, die Vibrationen erspüren, und auf ihr Gehör.

Geschmackssinn

Den Geschmackssinn von Katzen zu erforschen ist schwierig; wir wissen folglich nur wenig darüber. Als Fleischfresser scheinen sie nur schlecht in der Lage, Süßes zu schmecken. Damit mag zusammenhängen, dass sie Zucker nicht verdauen können, was der Grund dafür ist, dass Milch, die ja eigenen Zucker (Laktose) enthält, bei erwachsenen Katzen zu Durchfall führt. Die Geschmacksknospen auf der Zunge der Katze erlauben ihr aber, salzig, bitter und sauer zu unterscheiden.

Geruchssinn

Katzen haben einen sehr hoch entwickelten Geruchssinn, den sie nutzen, um Botschaften aller Art aufzunehmen und zu versenden. Ihr Nasentrakt ist mit einer vielfach gefalteten feuchten Membran ausgekleidet, die mit vielen Millionen geruchsempfindlicher Zellen bestückt ist.

Katzen verfügen aber über eine weitere Möglichkeit, Geruchs- und Geschmacksstoffe aufzunehmen. Im Dach ihrer Mundhöhle sitzt ein paariges, sackähnliches Nasenbodenorgan, das so genannte Jacobsonsche Organ, das durch zwei kleine Gänge mit Öffnungen hinter den Schneidezähnen mit dem Gaumen verbunden ist. Nur manchmal macht die Katze von diesem Organ Gebrauch, doch wenn Sie sehen, dass Ihre Katze mit halboffenem Maul die Luft einzieht und dabei einen Gesichtsausdruck zwischen Grinsen und Gähnen zeigt, so ist das eine besondere Art des Riechens, die Flehmen genannt wird. Man beobachtet dieses Verhalten besonders in der Paarungszeit, doch auch kastrierte Katzen pflegen zu flehmen.

BEIDÄUGIGES SEHEN

Menschen und Katzen haben zwei nach vorn gerichtete Augen, deren Blickfelder sich überschneiden, sodass sie eine Tiefensicht haben und Entfernungen abschätzen können. Katzen haben allerdings ein insgesamt größeres Gesichtsfeld, denn ihr seitlicher Sichtwinkel reicht weiter als der des Menschen. Der Bereich der vorderen Überschneidung der Blickwinkel beider Augen ist bei Katzen und Menschen jedoch etwa gleich groß.

Oben: *Obgleich über den Geschmackssinn der Katzen wenig bekannt ist, wissen wir, dass sie salzig, bitter und sauer unterscheiden können.*

Links: *Die ganz auf die Bedürfnisse eines Jägers abgestimmten, schönen Augen der Katzen sind zugleich auch ein Spiegel ihrer Empfindungen.*

Oben: *Katzen wissen, dass sie im dreidimensionalen Raum leben, und suchen gern hohe Standorte auf. Auch in einer Wohnung haben sie gern einen hochgelegenen Platz, wo sie sich ausruhen und verstecken können.*

Rechts: *Die Katze zieht ihre Jungen allein auf und lehrt sie alle Überlebensstrategien, die sie als fortpflanzungsfähige, selbstständige Erwachsene brauchen.*

Überleben und Revier

Wildkatzen jagen in der Morgen- und Abenddämmerung, wenn auch ihre Beutetiere aktiv sind. Während der Hitze des Tages suchen sie ein Versteck auf und ruhen, um Energie zu sparen. Erst wenn es kühler geworden ist, gehen sie auf die Pirsch. Diese »Dämmerungsaktivität« ist ein Verhalten, das auch Hauskatzen noch zeigen und das zu Problemen mit Besitzern führen kann, die um diese Zeit schlafen möchten.

Gefahr meiden

Für ein so kleines Tier wie eine Katze ist die Welt voll Gefahren. Für die Ahnen der Katzen war es lebenswichtig, Strategien zu entwickeln, die das Risiko von Verletzungen oder selbst zur Beute größerer Räuber zu werden, gering hielten. Sich verstecken und auf Bäume klettern sind folglich wichtige Züge ihres Verhaltensrepertoires. Katzen sind extrem gelenkig und ihre Krallen helfen ihnen, sich an der Rinde von Bäumen festzuhalten. Sie können auf dünnen Ästen balancieren, wobei ihr Schwanz eine Art Balancierstange bildet, und sich so schlank machen, dass sie sich durch die schmalsten Schlitze zwängen können, um einer Gefahr auszuweichen. Diese Fähigkeiten konnten über Leben und Tod entscheiden.

Weitergabe der Gene

Das vitalste Interesse jeder Art ist ihr Überleben. Katzen und Kater führen ihr Leben getrennt voneinander, nur zur Paarungszeit kommen sie zusammen. Durch das Versenden von Duftsignalen und durch stimmliche Kommunikation finden sie sich. Sie paaren sich; danach haben die Kater am weiteren Geschehen keinen Anteil mehr. Die Aufzucht der Jungen ist allein Aufgabe der Mutter. Sie bringt den Jungen bei, wie man erfolgreich jagt und Gefahren meidet. Mit Erlangung der Geschlechtsreife gehen die Tiere auseinander; nur wenn es viel Nahrung gibt, bleibt die Familie länger zusammen. Die typische Lebensweise aber ist die des Einzelgängers.

Territorium und Überleben

In der Welt, in der die frei lebenden Ahnen unserer Katzen überleben und sich erfolgreich vermehren mussten, damit Individuum und Art überdauern konnten, waren Nahrung und Schutz von ebenso großer Bedeutung wie das Gebiet, das beides enthielt. Je reicher das Nahrungsangebot, desto kleiner konnte das individuelle Revier sein, das ein Einzeltier oder eine Katze mit ihren Jungen bewohnte. Ein kleines Revier zu behaupten ist risikoärmer und erfordert weniger Energie. Gibt es aber nur wenige Beutetiere und kaum geeignete Verstecke, um Schutz vor Witterungseinflüssen und Räubern zu finden, so ist ein größeres Territorium erforderlich.

Die Behauptung eines Reviers ist ein Zug der Katzengesellschaft, der sich auch im Verhalten der Hauskatzen noch zeigt (siehe auch die Seiten 46–51). Wenn Menschen Nahrung und Schutz zur Verfügung stellen, kann die Motivation zur Verteidigung des Territoriums beträchtlich sinken. Die Katze mag ihren »Platz« mit Nachdruck verteidigen, doch es kann auch sein, dass sie dieser Frage kaum Beachtung schenkt. Ausschlaggebend scheint zu sein, wie die Jungkatze aufwuchs, aber auch ihre individuelle Persönlichkeit spielt wohl eine Rolle. Eines aber muss man wissen: Tiere, auch unsere Hauskatzen, haben keinen Sinn für faires Spiel. Wenn sie etwas wirklich dringend wollen, dann wollen sie es jetzt – und sie wollen alles. Das kann für die Halter frustrierend sein, aber es wäre falsch, der Katze unser Wertesystem aufzuzwingen.

Kommunikation

Die Territorialität hat ihre Probleme. Die aktive Verteidigung eines Reviers ist ein riskantes Geschäft: Ein abgelenktes Tier geht ein größeres Risiko ein als eines, das aufmerksam sein und auf Gefahren achten kann, und wer angreift, der kann auch selbst verletzt werden. Selbst die kleinste Wunde kann die Fähigkeit zu jagen beeinträchtigen, und sollte sie sich gar entzünden, kann daraus schnell eine lebensbedrohliche Infektion werden.

Geruch reduziert das Risiko

Um ihren Besitzanspruch auf ein bestimmtes Revier zu behaupten, haben Katzen einige Strategien entwickelt. Zunächst setzen sie Duftmarken (zum Beispiel mit Urin und Kot), um ihren „Claim" abzustecken. Je enger Katzen zusammenleben, desto größer die Gefahr, dass es zu Kämpfen kommt, deshalb spielt der Geruch in der Katzengesellschaft eine große Rolle. Duftmarken senden Signale, ohne dass es zwischen Sender und Empfänger zur direkten Begegnung kommen muss. Da sich die Düfte lange halten, muss auch nicht ständig nachgearbeitet werden; die Botschaft, wer hier wohnt, bleibt erhalten.

Besondere Hautdrüsen an Maul, Kinn und Ohransatz, an den Pfoten, den Flanken und der Unterseite des Schwanzes sondern die Duftstoffe ab, mit denen Katzen die Gegenstände ihrer Umgebung markieren. Das Verhalten, das sie an den Tag legen, wenn sie Duftmarken setzen, hängt von den jeweiligen Umständen und der Art der Information ab, die sie vermitteln wollen. Die Düfte zeigen nicht nur ihr Revier an, sie sind auch Signale ihrer Paarungsbereitschaft oder geben Hinweise auf ihre Gesundheit und ihre Stimmung.

In der Nähe ihres Heims kann die Katze durch das Setzen von Duftmarken die Sicherheit gewinnen, dass ihr Bereich klar abgegrenzt ist. In Gruppen von domestizierten Katzen dient die Markierung zur Identifizierung von zugehörigen Tieren und Familienmitgliedern. Da sich das Verhalten bei den Wildkatzen als lebensnotwendige Strategie entwickelt hat, ist die Gewohnheit, Duftmarken zu hinterlassen, auch den Hauskatzen weiterhin eigen und kann – leider – zu großen Spannungen zwischen Haustieren und ihren Besitzern führen.

Andere Verständigungsmittel

Dass Katzen so eindeutig auf Geruchssignale reagieren, bedeutet nicht, dass sie sich nicht auch mit Hilfe von Körpersprache, Mimik und ihren Stimmen verständigen. Sie kombinieren ihre Duftbotschaften durchaus mit visuellen und akustischen Signalen und sind sehr viel bessere Kommunikatoren, als viele Menschen meinen. Doch verwenden sie ihre »Sprachen« so subtil, so viel zurückhaltender als unsere anderen Hausgenossen, die Hunde, dass diese Verständigungsart nur zu leicht übersehen oder missdeutet werden kann.

Möglicherweise ist Ihnen schon aufgefallen, dass Ihre Katze ihre Mimik, die Stellung der Ohren und der Schurrhaare einsetzt um zu signalisieren, was ihre Absichten sind. Mit Hilfe ihrer Augen kann sie zu verstehen geben, wie sie sich fühlt. Auch die Körpersprache ist ein guter Indikator ihrer Stimmung und verrät, was sie gleich tun wird. Alle Katzen setzen zu diesem Zweck unterschiedliche Körperhaltungen ein, vor allem die Stellung des Schwanzes ist verräterisch. Außerdem verstehen sich alle Katzen auf das Bluffen. Sind Sie selbst Katzenbesitzer, sollten Sie sich vertraut machen mit der Fähigkeit der Katze, in die Irre zu führen. Schon so mancher vermeintlich Unterlegene hat einen Rivalen aus seinem Revier gejagt, einfach indem er einen gewaltigen Katzenbuckel machte, sich

aufplusterte, Schwanz und Ohren aufstellte, unverwandt starrte und damit den Eindruck erweckte, viel größer und stärker zu sein, als er tatsächlich war. Wenn Sie Ihre Katze aufmerksam beobachten, werden Sie bald erkennen können, wie ihre Stimmungslage ist, wem ihre Zu- oder Abneigung gilt und was sie von Nachbars Katze hält.

UNTERWERFUNG

Viele Menschen wurden schon ernstlich verletzt, weil sie nicht verstanden, dass Unterwerfung im Repertoire der Katzen nicht vorgesehen ist. Wenn sie sich auf den Rücken rollen, so heißt das nicht – wie bei Hunden – dass sie aufgeben. Katzen tun dies vielmehr, um ihre Waffen, vier krallenbewehrte Pfoten und ein sehr effektives Gebiss, nur umso nachhaltiger einsetzen zu können.

Oben: *Die entspannte Haltung, die diese auf dem Rücken liegende Katze zeigt, darf man nie mit der Rückenlage einer aggressiv erregten Katze verwechseln. Sie ist das Vorspiel zu einem scharfen Angriff, bei dem man arg verletzt werden kann.*

Links: *Eine Katze, die sich bedroht fühlt, wird versuchen durch einen Katzenbuckel und ein aufgestelltes Fell größer zu erscheinen.*

Katzenplausch

Wer eine »sprechende« Katze hat, wird sich fragen, ob diese Art der Kommunikation auch in der Wildnis üblich ist. Tiere, die so gefährdet sind, wie es die Vorfahren der Hauskatzen waren, hätten nicht lange überlebt, wenn sie zu laut auf sich aufmerksam gemacht hätten. Kleine Wildkatzen können nicht brüllen wie ein Löwe. Die stimmliche Verständigung ist auf die Kommunikation mit den Jungen, auf die Paarung und die seltene direkte Konfrontation beschränkt.

Mutter und Nachwuchs

Kommt die Kätzin mit Nahrung zum Bau zurück, ruft sie den Nachwuchs mit einem zirpenden Lockruf. Die Jungen können mit einem ähnlichen Ruf auf sich aufmerksam machen. Wenn sie heranwachsen und die Umgebung erkunden, finden sich die Geschwister und die Mutter ebenfalls durch Laute wieder. Sind sie ruhig und zufrieden, schnurren Mutter und Junge, und das defensive Fauchen beherrschen die Jungen auch schon sehr früh.

Erwachsene, unabhängig lebende Tiere finden den Paarungspartner durch Lautäußerungen, aber auch durch Duftsignale. Vor allem Eindringlinge ins Revier werden durch akustische Botschaften eingeschüchtert.

Die große Nähe zu Menschen und Artgenossen hat das lautliche Verständigungsrepertoire der Hauskatze gegenüber dem der Wildkatze sehr vergrößert. Ihrer Katze stehen viele Möglichkeiten der lautlichen Äußerung zur Verfügung. Einige, wie das Schnurren und das Begrüßungszirpen, werden bei geschlossenem Maul erzeugt. Das klassische »Miau« entsteht bei geöffnetem, sich langsam schließendem Maul. Ist die Katze verängstigt oder verteidigt sie ihr Revier, kann sie mit fixiert geöffnetem Maul fauchen, knurren, zischen und eine Vielzahl anderer Laute erzeugen, die so manchen Besitzer in Erstaunen versetzen.

Oben: Aufmerksame Beobachtung und wachsende Kenntnis der Eigenarten der Katzen hilft uns zu verstehen, was sie empfinden. Unsere Einschätzungen werden so korrigiert.

Links: Um ihr Revier zu verteidigen, faucht diese Katze mit offenstehendem Maul. Diese Lautäußerung unterscheidet sich vom „Miau", bei dem die Katze das Maul langsam schließt.

Spannungsabbau

In jeder Gemeinschaft kann es zu Spannungen kommen. Vor allem, wenn Mangel, zu große Enge oder eine Bedrohung von außen herrscht, trifft dies auch auf Katzengemeinschaften zu. Allerdings suchen Katzen instinktiv Konflikten und den mit ihnen verbundenen Risiken aus dem Weg zu gehen. Da, wo sie zusammenleben müssen, wie es bei domestizierten Katzen eben der Fall ist, brauchen sie also Mittel und Wege miteinander zu kommunizieren, um entstehende Konflikte lösen zu können.

Lange dachte man, Katzen hätten so gut wie keine Verständigungsmöglichkeiten, denn man verstand die subtilen Zeichen ihres Kommunikationssystems nicht, die so viel unscheinbarer sind als die der Hunde. Doch in jüngster Zeit hat man entdeckt, dass auch Katzen sich untereinander verständigen, obwohl uns vieles an diesem System noch unbekannt ist. Heute wissen wir, dass sich Katzen einer Körpersprache bedienen, die ihre Mimik einbezieht. Sie setzen Duftmarken und sie putzen sich, wenn sie nach einer stressigen Situation Spannung abbauen müssen oder sich und andere beruhigen wollen.

Am wichtigsten ist die Erkenntnis, dass Katzen – anders als Hunde – keine deutlichen Beschwichtigungsgesten kennen. Sie bedienen sich sehr unauffälliger Zeichen, um nach einem Streit die Harmonie wieder herzustellen. So kann man zum Beispiel beobachten, dass Katzen blinzeln oder den Kopf abwenden, wenn man sie längere Zeit direkt anstarrt. Aus der Sicht der Katze ist Anstarren eine Provokation; wenden sie den Kopf, geben sie zu verstehen, dass sie keine Gefahr darstellen und nicht zurückschlagen werden.

Das Rätsel des Schnurrens

Das Schnurren ist eine für die ganze Katzenfamilie typische Kommunikationsform. Es ist keineswegs auf die kleinen oder domestizierten Katzen beschränkt. Allerdings scheint der Kontakt mit Menschen die Bereitschaft, oft und laut zu schnurren, anzuregen. Noch immer ist aber unbekannt, wie die Katzen den so charakteristischen Laut produzieren. Es gibt verschiedene Vermutungen.

WIE SCHNURREN KATZEN?
Niemand kann genau sagen, wie Katzen den Laut erzeugen, den wir »Schnurren« nennen. Es scheint ein recht komplizierter Vorgang zu sein, der mehr umfasst als nur das Schwingen von Membranfalten in der Luftröhre hinter dem Kehlkopf. Auch das System der Herzgefäße spielt wohl eine Rolle dabei, doch Genaues weiß man nicht. Was man weiß, ist, dass das Schnurren beim Ein- wie beim Ausatmen auftritt, weshalb es wie ein durchgehender Laut erscheint. Tatsächlich gibt es zwischen den Atmungsphasen eine minimale Pause. Während der Einatmung ist das Schnurren länger, lauter und etwas tiefer, doch gibt es auch da individuelle Unterschiede bei den einzelnen Katzen.

WARUM SCHNURREN KATZEN?
So wenig wie man weiß, wie Katzen schnurren, so wenig weiß man, warum sie es tun. Üblicherweise hält man es für eine Äußerung der Zufriedenheit und des Vergnügens, und die Jungen schnurren fast von Geburt an. Sowohl die Mutter als auch die Jungen schnurren während des Säugens. Man vermutet, dass dies zusammen mit dem Pföteln, dem angeborenen Stupfen mit den Pfoten, den Milchfluss anregt. Auf Menschen wirkt das Schnurren der Katzen beruhigend und entspannend. Werden die Jungen älter, ist das Schnurren ein typischer Laut, um den Aufenthaltsort der anderen Familienmitglieder zu bestimmen, er hilft also, die Gruppe zusammenzuhalten. Man hat es mit dem Lächeln der Menschen verglichen, das ja auch hilft, die Beziehung zwischen Kleinkind und Erwachsenen zu festigen. Außerdem hört man den Laut auch in der Vorbereitung der Paarung. Vielleicht ist diese Interpretationen aber auch nur ein Hinweis darauf, dass die Wissenschaftler Katzen ein wenig zu menschlich sehen.

Überraschenderweise schnurren Katzen aber auch, wenn sie in höchster Not, also wenn sie extrem verängstigt, ernstlich krank oder schwer verletzt sind. Vielleicht ist ihr Schnurren in solchen Situationen ein Versuch, sich selbst Sicherheit zu geben, eine Geste der Selbstberuhigung, die helfen soll, wieder zur Ruhe zu kommen und Stress abzubauen. Wenn vertraute Menschen in der Nähe sind, mag es aber auch hier dazu dienen, Aufmerksamkeit zu erregen und Hilfshandlungen auszulösen.

ERST KOMMT DAS FRESSEN
Während der ersten Lebenswochen der Jungen ist das Schnurren ein Begrüßungslaut, wenn die Mutter zurückkommt. Wahrscheinlich signalisiert er den Jungen, dass es gleich Milch zu trinken gibt. Das scheint sich bis ins

HEILUNG DURCH SCHNURREN

Man vermutet, dass die Frequenz des Schnurrens – etwa 25 Hz, unabhängig von Geschlecht, Alter, Größe und Gewicht der Katze – auch einen heilenden Effekt hat. Bedenkt man den zunehmenden Einsatz von Intra- (20 bis 20 000 Hz) und Ultraschall (über 20 000 Hz) als Therapie in der Humanmedizin – vor allem in der Orthopädie dienen sie zur Anregung des Blutflusses und des Heilungsprozesses –, so scheint das durchaus möglich.

Erwachsenenalter zu erhalten, denn Katzen pflegen ja schnurrend um die Beine des Besitzers zu streichen, wenn er zu dem Schrank geht, in dem die Katzennahrung aufbewahrt wird.

Sobald sie erwachsen sind, setzen Katzen das Schnurren in verschiedenen Situationen ein, bei denen es um soziale Kontakte mit Artgenossen oder Menschen geht und bei denen sie sich wohl fühlen. Deshalb hält man das Schnurren für ein Überbleibsel aus der Katzenkindheit, das eingesetzt wird, um Aufmerksamkeit zu erregen. Insofern ähnelt es einem anderen Verhalten, das Katzen zeigen, wenn sie etwas wollen: Sie rollen sich dann über den Boden oder reiben sich daran.

In jedem Fall ist das Phänomen des Schnurrens und die Bandbreite der Einsatzmöglichkeiten, deren die Katze sich bedient, noch lange nicht hinreichend ergründet und bleibt ein noch zu erforschendes Gebiet.

Links: *Die Jungen können fast von Geburt an schnurren. Zusammen mit dem Pföteln scheint es den Milchfluss der Mutter anzuregen.*

Unten: *Die gewinnenden Gewohnheiten von Katzen formen das Verhalten der Besitzer. Daran zeigt sich die Anpassungsfähigkeit, die dem entwicklungsgeschichtlichen Erfolg der Spezies zugrunde liegt.*

Oben: *Wenn sie zusammen aufwachsen, können Hunde und Katzen feste Gemeinschaften bilden, doch darf man nie vergessen, dass ihr Artverhalten grundverschieden ist.*

Rechts: *Nur wenn sie eine verlässliche Futterquelle haben, bilden Katzen größere ortsständige Gruppen wie hier im Kolosseum von Rom.*

Die gesellige Katze

Die Domestikation brachte den Katzen den Vorteil verlässlicher Nahrungsquellen und Wohnstätten. Das hat sich unweigerlich, wenn auch nur langsam, auf ihre Natur und ihr Verhalten ausgewirkt. Das ursprünglich einzelgängerische Tier gewöhnte sich an den engeren Kontakt mit Menschen und Artgenossen. Wir sollten aber immer daran denken, dass das Verhalten ihrer Vorfahren noch stark in ihnen nachwirkt.

Neue Verhaltensmuster

Obwohl der Mensch Katzen in seine Siedlungen holte, damit sie dort Mäuse und Ratten in Schach halten, hat er sich, anders als beim Hund, kaum in ihr Fortpflanzungsverhalten eingemischt. Das tut er erst, seit er angefangen hat, Rassekatzen zu züchten. Die Hundezucht wird hingegen seit Jahrhunderten betrieben, weshalb es nicht nur in Größe und Aussehen völlig unterschiedliche Hunderassen gibt, sondern sie haben auch beispielsweise als Jagd-, Wach- oder Hütehunde völlig unterschiedliche Rollen in der menschlichen Gesellschaft.

Unbedingt gilt es zu beachten, dass die Katze ihrer Natur nach ein Einzelgänger, der Hund seiner Herkunft nach ein Rudeltier ist. Menschen, die nicht zur Kenntnis nehmen, dass dieser grundsätzliche Unterschied zwischen unseren liebsten Haustieren besteht, werden immer Probleme haben, ihre Katzen zu verstehen.

Das Hundeleben hat Vorteile

Hunde sind Rudeltiere. Ihr früher Vorfahre, der Wolf, entwickelte andere Überlebensstrategien als die einzelgängerisch lebende Wildkatze. Der wirklich bedeutende Unterschied ist aber der, dass Wölfe nicht nur einfach in Gruppen leben – unter gewissen Umständen tun das auch Katzen –, sie jagen auch in Gruppen. Das hat den Vorteil, dass sie sich an größere Beutetiere wagen können. Größere Nahrungsmengen reduzieren die Notwendigkeit ständiger Jagd. Katzen erlegen kleine, weniger nahrhafte Beutetiere und müssen ständig jagen.

Die gemeinschaftliche Jagd lässt auch bei der Aufzucht der Jungen ein stärker auf Kooperation beruhendes System entstehen; auch verletzte und geschwächte Tiere bekommen noch Nahrung ab. Dazu bedarf es freilich eines Verständigungssystems darüber, wer zunächst an die erlegte Beute darf und wem die Reste zukommen. Die natürliche Folge ist die Entwicklung einer Hierarchie innerhalb der Gruppe. Die typische Rangordnung innerhalb der Hundegesellschaft, mit der die meisten Hundebesitzer vertraut sind (die aber auch oft missverstanden wird), entwickelte sich also quasi auf der Basis des ordentlichen »Schlangestehens« am Futtertrog. Diese Rangordnung spielt dann auch bei allen anderen Aktivitäten der Hunde eine Rolle, etwa bei der Paarung, bei der Aufzucht der Jungen oder der Fellpflege.

Katzen sind keine kleinen Hunde

Der entscheidende Unterschied zwischen Hunden und Katzen, die in Gruppen leben, besteht darin, dass Katzen, wenn es um die Nahrungsbeschaffung geht, immer ihre Unabhängigkeit wahren. Sind sie dabei völlig auf sich gestellt, werden sie immer allein jagen und die Beute nicht teilen, es sei denn mit ihren Jungen. Bringen Menschen ihnen die Nahrung, werden sie sich um den Futterplatz scharen, aber sie tun das lediglich deshalb, weil es nur dort Nahrung gibt.

Katzen haben keine Rangordnung. Bei ihnen bekommt das Tier zuerst zu fressen, das am frechsten oder am mutigsten ist, die Schwächsten und Schüchternsten bekommen die Reste – oder nichts. Gibt es ein verlässliches Nahrungsangebot, etwa weil sich ein Mensch regelmäßig kümmert oder die Mülleimer eines Restaurants immer gut gefüllt sind, kann sich eine Gruppe verwilderter Katzen an einem festen Standort zusammenfinden – die Katzen des Kolosseums von Rom bilden eine solche allgemein bekannte Kolonie. Ist aber das Nahrungsangebot unzuverlässig, so ist es unwahrscheinlich, dass sich eine ortsständige Kolonie bildet. Die verwilderten Hauskatzen streunen dann eher einzeln durch ein relativ großes Gebiet, wo sie jagen oder nach Abfällen suchen. Mehr als der Instinkt diktieren also die Ressourcen, wie etwa das Nahrungsangebot, das Verhalten der wilden, der verwilderten und der in Gruppen lebenden Hauskatzen.

Katzengemeinschaften

Die Frage, ob Katzen in Gemeinschaften leben können, muss man mit »jein« beantworten. Es gibt hier noch viel zu entdecken, doch genaue Beobachtungen an verwilderten Katzen, die an verschiedenen Orten leben, haben uns schon viel gelehrt. Obgleich die Wissenschaftler in der Auslegung dessen, was die Beobachtungen erbrachten, nicht ganz einig sind, hat sich unser Verständnis des »natürlichen Verhaltens« unserer Katzen doch enorm vergrößert.

Vorteile des Gruppenlebens

Man unterscheidet drei Gruppen domestizierter Katzen:

- Verwilderte Katzen sind domestizierte Katzen, die „in freier Wildbahn" geboren wurden. Sofern sie nicht innerhalb weniger Wochen nach der Geburt in menschliche Obhut kommen, werden sie sich kaum an Menschen gewöhnen.
- Halb verwilderte Katzen sind ausgesetzte Hauskatzen oder solche, die nahe bei Menschen wohnen, wie etwa Katzen auf einem Bauernhof. Ohne ganz von Menschen abhängig zu sein, werden sie doch von ihnen versorgt.
- Haustierkatzen leben in Abhängigkeit vom Menschen.

Oben: *Die Beobachtung verwilderter Katzen hat viel zum besseren Verständnis unserer Hauskatzen beigetragen.*

Rechts: *Kolonien verwilderter Katzen bestehen oft aus mehreren Kätzinnen, die sich gemeinsam um die eigenen wie auch die Jungen der anderen kümmern.*

Wissenschaftliche Studien, die sich mit den ersten beiden Gruppen befassten, erbrachten interessante Informationen über domestizierte Katzen, die mehr oder weniger sich selbst überlassen an Orten zusammenleben, die Schutz und einigermaßen verlässliche Nahrungsangebote bieten, ohne dass Menschen allzu sehr in ihr Leben eingreifen. Die Studien wurden an verschiedenen Orten durchgeführt, zum Beispiel in Hafenanlagen, auf Bauernhöfen oder in der Nähe anderer Institutionen, wo Katzenkolonien geduldet, aber kaum aktiv versorgt werden.

Ist das Nahrungsangebot reichlich, können recht große »matriarchalische« Gruppen entstehen, das heißt, mehrere Kätzinnen ziehen ihre Jungen gemeinschaftlich auf. Das ist insofern sinnvoll, als das Überleben der erweiterten Familie von der Bereitschaft zusammenzuhalten abhängt.

Sind die Bedingungen gut, toleriert die Kerngruppe Katzen, die sich am Rand der Kolonie aufhalten, doch werden sie nie ganz in die Gruppe integriert. Sie haben es schwerer, an Nahrung und an gute Verstecke zu kommen. Herrscht Mangel, werden sie vertrieben. Die Fortpflanzungsrate dieser „Außenseiter" ist also geringer, als die der Gruppenmitglieder, und ihre Jungen haben eine geringere Überlebenschance.

Die Kater haben meist eine sehr lose Verbindung zu den Kätzinnen der Gruppe. Sie streifen zwischen ihnen umher, ihre Reviere sind größer als die der Mütter mit ihren Jungen. Wenn es darum geht, wer sich verpaaren darf, kann es zu heftigen Kämpfen zwischen ihnen kommen. An der Aufzucht der Jungen beteiligen sie sich kaum. Die Verhaltensmuster unterscheiden sich stark von denen in einem Mehrkatzenhaushalt, in dem die zum Zusammenleben gezwungenen Einzeltiere die Zugehörigkeit zur Gruppe nicht kontrollieren können, da der Katzenhalter darüber bestimmt. Viel hängt hier von seinem Geschick ab und oft kommt es zu Problemen, weil ein wichtiger Punkt nicht beachtet wird: Katzen müssen das Gefühl haben, dass sie die Kontrolle über ihr Leben haben.

Die Umstände bestimmen das Verhalten

Ein weiterer Punkt, der untersucht wurde – und für alle wichtig ist, die eine Katze ihr eigen nennen –, ist das Verhalten, das Katzen an den Tag legen, wenn die Nahrung knapp wird. Dann nämlich gehen sie zu der einzelgängerischen Lebensweise über, die für ihre wilden Ahnen typisch ist. Sie suchen Unterschlupf, wo sie ihn finden können, jagen oder erschließen andere Nahrungsquellen in einem großen Revier und die Territorialkämpfe zwischen Rivalen sind erbarmungslos, denn das Revier zu behalten kann über Leben und Tod entscheiden. Da die Ressourcen nicht für alle in der Gruppe reichen, bringen die Mütter ihre Jungen allein zur Welt und versorgen sie allein; sobald sie geschlechtsreif sind, zerstreuen sich die Tiere.

Dieses Konkurrenzverhalten bricht selbst nach Generationen wieder durch. Haben Sie eine Katze, deren frühes Überleben knapp war, kann es sein, dass sie sich schwer einfügt und viel weniger bereit ist, Nahrung, Spielzeug, Schlafplatz und Aufmerksamkeit zu teilen als eine, die im Überfluss groß wurde.

Haben Katzen Freunde?

Wie Menschen haben auch Katzen einen unterschiedlich stark ausgeprägten Wunsch nach Geselligkeit. Vielleicht haben Sie bei Ihrer Katze beobachtet, dass es einen Artgenossen gibt, mit dem sie sich gern zusammentut, während ihr andere egal, gar lästig sind. Auch bei verwilderten und halb verwilderten Katzen hat man dieses Phänomen beobachtet.

BISHERIGE GESCHICHTE

Immer häufiger bilden sich Katzenkolonien, in denen einige der Mitglieder entweder ausgesetzte Haustiere sind oder Haustiere, die stiften gingen oder sich verlaufen haben. Andere mögen in freier Wildbahn geboren sein, wurden aber eingefangen, kastriert und wieder freigelassen. Da also viele dieser in einer Kolonie zusammengekommenen Streuner kastrierte Tiere sind, können sie sich nicht fortpflanzen. Mangelt es nicht an den erforderlichen Ressourcen, können diese Katzen sehr stabile Gruppen bilden, die jahrelang zusammenleben. Kolonien dieser Art ähneln dann der Gruppierung in einem Mehrkatzenhaushalt.

An solchen Kolonien vorgenommene Studien können uns eine Menge über die Vorgänge lehren, die sich in Haushalten mit vielen Katzen abspielen, aber auch über das Leben von Haustieren, die einzeln gehalten werden, doch freien Auslauf haben. Bei Landkatzen ist das häufiger der Fall als bei Stadtkatzen, meist ist dann auch die gesamte Katzenpopulation der Gegend größer. Sind Katzen gezwungen, auf engem Raum zusammenzuleben, so wirkt sich das zwangsläufig auf ihr Befinden aus. Je mehr wir also über Beziehungen zwischen Katzen lernen, desto besser. Insofern sind Studien von großer Wichtigkeit, denn je mehr wir über das Verhalten der Katzen erfahren, desto besser können wir verstehen, warum sie tun, was sie tun.

KATZENFREUNDE

Sowohl ihr individuelles Temperament als auch früheste Erfahrungen spielen eine Rolle dabei, wie eine Katze auf Artgenossen reagiert; das ist ja beim Menschen kaum anders. Wir wissen inzwischen, dass sich in allen mehr oder weniger stabilen Katzengruppen, die Wissenschaftler sprechen hier von »Affilationen«, etwas herausbildet, was man als Katzenfreundschaften bezeichnen könnte. Das heißt, man beobachtet zwei, manchmal auch drei Tiere, die immer wieder in großer Nähe zusammen gesehen werden. Die Wissenschaftler nennen das »bevorzugte Gefährten«, wir würden vielleicht Freunde sagen.

Das Problem bei den Beobachtungen ist, dass man nur schwer herausfinden kann, ob mehr dahinter steckt als eine bloße Zufälligkeit, die sich daraus ergibt, dass die Katzen in einem begrenzten Raum rund um eine Futterquelle zusammenleben. Interessanterweise hat man aber festgestellt, dass bevorzugte Gefährten zu unterschiedlichsten Zeiten und an verschiedensten Stellen innerhalb des Reviers zusammenkamen. Es

scheint also tatsächlich eine freie Entscheidung zum Zusammensein vorzuliegen, kein von den Umständen diktierter Zwang.

Sobald sich bevorzugte Gefährten gefunden haben, entwickeln sich bestimmte Verhaltensweisen, etwa Grußrituale und ähnliches, die man auch als typisch für Familienmitglieder kennt, die in einer Kolonie aus verwandten Tieren zusammenleben.

BINDUNGSRITUALE
Vier typische Verhaltensweisen bezeichnet man als Bindungsrituale:

- Gegenseitiges Putzen
- Sich aneinander reiben
- Nasen aneinander stupsen
- Spielen

Beim gegenseitigen Putzen leckt eine Katze das Fell der anderen, meist an Kopf und Hals. Man beobachtet es, wenn die Katzen zusammen ruhen. Da es gegenseitig geschieht, hilft es, die Bindung zu stärken, doch scheint es auch dazu zu dienen, nach einem Streit die Harmonie wiederherzustellen.

Sich aneinander reiben heißt, dass sich zwei Katzen mit Kopf, Körper und Schwanz eng berühren. Dieses Verhalten ist eher einseitig: Die schwächere, kleinere, jüngere Katze macht die selbstbewusstere, ältere auf sich aufmerksam. Bei dieser taktilen Form der Kommunikation werden Düfte ausgetauscht, sodass eine Art Gruppengeruch entsteht.

Das Aneinanderstupsen der Nasen ist ein Grußritus, den man häufig bei bevorzugten Gefährten beobachtet.

Spielen ist für Jungkatzen typischer als für erwachsene.

Oben: *Sich gegenseitig das Fell durch Lecken zu putzen ist ein Beispiel für die Bindungsrituale der Katzen.*

Links: *Wie bei den Menschen zeigt auch bei den Katzen die Körpersprache und das allgemeine Verhalten, wie wohl sich Individuen im engen Kontakt mit Artgenossen fühlen.*

Wie sehen Katzen uns?

Jeder Katzenhalter hat sich gewiss schon einmal gefragt, wie er wohl von seiner Katze eingeschätzt wird. Auch wenn er sich noch so liebevoll um sein Haustier kümmert, kann der Katzenfreund nie ganz sicher sein, ob er als potenzielle Gefahr gilt oder verachtet wird, weil er so groß und ungeschickt ist. Halten Katzen ihre Besitzer für eine Art Kumpel oder für schlechte Jäger, denen sie Beute bringen müssen?

Rechts: *Wie auch immer unsere Katzen uns sehen mögen, letztlich haben doch beide Vergnügen, wenn die Beziehung klappt.*

Links: *Gesellige Katzen machen es sich gern auf dem Schoß ihres Besitzers bequem, weil dieser, so wird vermutet, sie an den Körper der Mutter erinnert, an den sie sich schmiegten, als sie klein waren.*

Toleranz oder Zuneigung?

Die Beziehung zwischen Menschen und ihren Katzen ist so komplex und schwierig wie die zwischen der Katze und ihren Artgenossen.

Wie wir Menschen, so scheinen auch Katzen sehr individuelle Interaktionsformen zu entwickeln. Eine Reihe von Faktoren ist ausschlaggebend dafür, ob Katzen überhaupt mit Menschen allgemein und mit ihrem Besitzer im Besonderen interagieren wollen, ja können. Die Art, wie sie aufgewachsen sind, ist ausschlaggebend dafür, wie sie sich Menschen gegenüber verhalten. Manche gehen selbst auf völlig fremde Menschen neugierig zu, andere sind sogar dem vertrauten Halter gegenüber scheu.

Der gesamte Komplex der Beziehung zwischen Katzen und ihren Haltern, vor allem im Hinblick auf die Frage, wie diese Beziehung aus der Sicht des Tieres wahrgenommen wird, ist wenig erforscht; vieles ist bloße Vermutung. Eine Beobachtung aber kann als gesichert gelten: Viele Hauskatzen verhalten sich gegenüber ihren Besitzern so, wie freilebende Katzen gegenüber den Mitgliedern ihrer Familiengruppe. Sie wählen uns aus, streichen dicht mit Körper und Schwanz um unsere Beine und stupsen uns mit dem Kopf. Vielen Menschen ist es nicht bewusst, doch bei diesem Verhalten werden Duftstoffe ausgetauscht, es wird der rückversichernde Gruppen- oder Gemeinschaftsduft gebildet. Es ist gut möglich, dass Katzen auf uns so reagieren wie auf andere, potenziell ängstigende Objekte ihrer Umgebung. Indem sie uns mit ihrem Duft markieren, machen sie uns zu etwas, was ihnen gehört und deshalb weniger bedrohlich ist, sonst nichts. Allerdings neigen Katzen durchaus dazu, ihre Halter nach Abwesenheit mit hochgestelltem Schwanz und stimmlichen Lauten zu begrüßen, wie sie es auch mit anderen Katzen tun, denen sie zugetan sind. Das lässt auf eine engere Bindung schließen.

Sind wir »Ersatzeltern«?

Wir haben im Allgemeinen die Angewohnheit, mit unseren Katzen zu sprechen, sie zu streicheln und zu kraulen – Gesten, die in der Katzengesellschaft keine bekannte Entsprechung haben, aber von der Katzen als etwas ausgelegt werden können, was dem gegenseitigen Putzen und dem Sichaneinanderreiben (siehe Seite 31) und ähnlichen Verhaltensweisen entspricht. Zur Geselligkeit neigende Katzen würden uns dann als eine Art bevorzugtes Gruppenmitglied betrachten. Wie uns zurückhaltendere Katzen sehen, ist eine andere Frage.

Da wir Hauskatzen häufig kastrieren lassen, also früh in ihre Fortpflanzungsfähigkeit eingreifen, bewahren viele der Tiere Eigenschaften, die für noch nicht geschlechtsreife Katzen typisch sind. Wir erhalten den Katzen quasi den unbeschwerten Zustand der Jugend, der von der Verantwortung des erwachsenen Tiers, das für Nachwuchs sorgen muss, nichts weiß. Es könnte deshalb sein, dass solche Katzen in uns, die wir für sie sorgen, so etwas wie die erwachsenen Gruppenmitglieder sehen. Sie begrüßen uns mit Schnurren und anderen Lauten, wie es die Jungtiere mit der Mutter tun, weil sie uns für eine Ersatzmutter halten; indem wir für sie sorgen, bekräftigen wir diese Vorstellung. Selbst dass Katzen gern auf unserem Schoß sitzen, wird gelegentlich so interpretiert, dass die Wärme und Geborgenheit die Katze an den Körper und die Fürsorge der Katzenmutter erinnert.

Sind Katzen die wahren Versorger?

Während manche Forscher meinen, Katzen sähen in ihren Haltern die große Übermutter, sind andere der Ansicht, Katzen hielten uns schlicht für arme, unfähige Jäger, denen sie ihre mit Erfolg erjagte Beute bringen müssten. Damit solle dem Beschenkten gesagt sein, er solle sich um die Verbesserung seiner Jagdtechnik bemühen. Es könnte aber auch sein, dass die Katze die erlegte Beute deshalb nach Hause bringt, weil sie nicht weiß, was sie sonst damit anfangen soll. Die Gründe hierfür werden wir später noch beleuchten (siehe Seite 40–41).

Im Allgemeinen verbringen wir viel Zeit mit unseren Katzen. Wir spielen mit ihnen und bieten ihnen, zumal wenn es sich um reine Wohnungskatzen handelt, möglichst viel Abwechslung. Für kluge, reaktionsreiche, gesellige Katzen ist das nicht nur ein notweniges Angebot, die menschliche Zuwendung wird von ihnen offenbar auch als eine gern akzeptierte »Ressource« angenommen, als etwas, was die Versorgung mit Nahrung angenehm ergänzt. Es wäre deshalb möglich, dass die Katze den Halter schlicht als etwas empfindet, von dem keine Gefahr ausgeht und den um sich zu haben Vorteile bietet.

Gegenseitige Beeinflussung

Die Diskussion wird erst enden, wenn wir die Gedanken unserer Katzen lesen können. Für diejenigen, die Katzen haben – sei es ein Einzeltier, sei es eine Katzengruppe – gelten die Tiere im Allgemeinen als Teil der Familie. Wir kümmern uns gern und liebevoll um sie, tun also das, was in der Natur die Katzenmutter, -tante oder -cousine für ein Junges in einer Katzengruppe tun würde.

Indem wir aber die Gewohnheiten unserer Katzen »konditionieren«, greifen wir auch formend in ihr Verhalten ein. Viele Halter haben beispielsweise Fütterungssignale. Mit einer höheren als der normalen Stimme rufen sie (gewiss oft zur Erheiterung der Nachbarn): »Komm, miez, miez, miez!« wenn es Fressenszeit ist. Wir dürfen vermuten, dass die Katze auf diesen Ruf wartet.

Umgekehrt haben Katzen aber auch Einfluss auf uns. Viele Katzenfreunde können kaum am PC arbeiten oder zum Kühlschrank gehen, ohne dass die Katze »hilfreich« eingreift. Viele unserer Stubentiger haben irritierende, aber auch rührende

Links außen: *Viele Hauskatzen »helfen« ihren Besitzern gern, wenn diese am PC arbeiten, lesen oder telefonieren wollen.*

Links: *Einige Katzen haben die Angewohnheit, ihre Beutetiere nach Hause zu bringen. Nicht alle Halter freuen sich darüber, doch statt zu schimpfen, sollte man herausfinden, warum die Katze das tut.*

Gewohnheiten, die den Menschen gerade deswegen an sie binden.

Erstaunlicherweise hört man immer wieder von eingespielten Interaktionen zwischen Katze und Mensch, die von der Katze anregt wurden und sich dann tiefer einschleifen als die vom Menschen initiierten Gewohnheiten. Dies zu wissen kann nützlich sein, wenn man das gespannte Verhältnis zwischen sich und seiner Katze wieder in Ordnung bringen oder zwischen der eigenen und einer fremden Katze eine Beziehung knüpfen will. Die Katze zu einer Verhaltensweise zu zwingen, ist der falsche Weg. Man muss die Katze den ersten Schritt tun lassen und dann, sei es anfangs auch nur mit der Stimme, darauf eingehen – egal, wie lästig es im gegebenen Augenblick auch sein mag. Das ist die sicherste Möglichkeit eine gute, unproblematische Katze-Mensch-Beziehung aufzubauen.

Das Beste für Ihre Katze

Jede Katze mag ihren jeweiligen Halter anders sehen. Wichtiger ist Ihr Bemühen, die körperlichen und psychischen Bedürfnisse Ihrer Katze genau zu kennen und darauf so gut wie irgend möglich einzugehen. Dazu müssen Sie folgendes über Ihre Katze wissen:

- Wie sie sich normalerweise verhält
- Wie Sie ihre Körpersprache und ihre Signale verstehen können
- Wie ihre »Persönlichkeit« und ihre genetischen Anlagen ihr Verhalten beeinflussen.
- Was in ihren »Kindertagen« geschah, das Auswirkungen auf ihr Verhalten haben könnte
- Welche Ihrer Gewohnheiten sie aufregen oder beruhigen
- Wie sie bei Krankheit reagiert
- Wie sie auf besondere Ereignisse reagiert

Nicht zuletzt aber sollten Sie wissen, zu welchen Problemen es kommen kann, wenn Sie Ihre Katze falsch verstehen oder die Katze mit der Welt, in der sie leben muss, nicht zurecht kommt. Je mehr wir lernen, desto besser verstehen wir die Katze, mir der wir leben und die wir lieben, und desto besser werden wir als ihr Halter.

NORMALES VERHALTEN

Die Frage, ob unsere vierbeinigen Freunde auf dem Weg vom Savannenbewohner zu unserem Hausgenossen ihre Verhaltensweisen geändert haben, liegt auf der Hand. Und die Antwort lautet: Obwohl es die in unserer Obhut lebenden Katzen sehr viel leichter haben, hat sich ihr Verhalten weniger verändert, als meist angenommen wird. Die Wurzel der Verhaltensweisen, die uns an unseren Hauskatzen so faszinieren, auch amüsieren und manchmal ärgern, liegt in dem, was ihre Vorfahren tun mussten, um in ihrem natürlichen Habitat überleben zu können. Wenn wir jetzt die verschiedenen Aspekte typischen Katzenverhaltens beleuchten, werden Sie es gewiss sehr aufschlussreich finden, wenn wir den Vergleich ziehen zwischen dem, was Ihre Katze tut, und den Zwecken, denen dieses Verhalten ursprünglich bei den wilden Vorfahren diente.

Jagdinstinkt

Für viele Menschen ist es ein Rätsel, warum eine gut gefütterte Katze weiterhin auf die Jagd geht. Der Hang zur Jagd ist unterschiedlich stark ausgeprägt und manche Katzen sind erstaunlich effektiv, andere sind jagdtechnisch völlig unbedarft. Doch ehe wir die erfolgreichen Jäger verdammen, sollten wir schauen, was in ihnen vorgeht.

Die Jagd

Dass die geschickten Jäger unter den Hauskatzen direkt nach einer sättigenden Abendmahlzeit nach draußen gehen, um die Nagerpopulation des Gartens aufzuscheuchen, ist gewiss verwirrend. Direkt ärgerlich ist es für den Halter, wenn die Katze auch noch dazu neigt, ihren Fang nach Hause zu bringen und auf der Terrasse oder im Hausflur abzulegen.

Denkt man über dieses Verhalten aber nach, so macht es Sinn, dass die Steuerungsmechanismen im Gehirn, die Impulsgeber für das Jagen und Fressen sind, unabhängig voneinander arbeiten. Ein Tier, das von selbst erlegter Beute abhängig ist, würde nicht überleben, machte es sich erst dann auf die Jagd, wenn der Hunger zu nagen beginnt. Gibt es nur wenige Beutetiere, könnte ein solcher Jäger rasch zu schwach sein, um überhaupt noch erfolgreich auf die Pirsch zu gehen. Das hätte verheerende Folgen für ihn und seine ganze Art. Selbst wenn es Nahrung im Überfluss gibt – der Mensch stellt sie ja täglich zur Verfügung –, werden Raubtiere direkt oder indirekt das Verhalten eines Jägers beibehalten. Die typischen

Jagdbewegungen wird man beim zahmsten Stubentiger beobachten, auch wenn er bloß seine Spielzeugmaus oder den Schnürsenkel fängt, den man ihm vor die Nase hält.

Angesichts der zunehmenden Zahl von Hauskatzen sorgen sich viele Menschen um bedrohte Vögel, die ohnehin schon mit den Konsequenzen des Klimawandels und des Verlusts ihrer Lebensräume zu kämpfen haben. In manchen Gegenden Australiens werden Katzenbesitzer rechtlich belangt, wenn sie ihre Tiere streunen lassen; das soll bedrohte Arten schützen. Da die Jagderfolge der Hauskatzen aber minimal sind, erscheint diese gesetzliche Regelung höchst fragwürdig. Natürlich sind vor allem Jungvögel im Nest bedroht. Doch Untersuchungen haben gezeigt, dass die oftmals viel Schaden anrichtenden Nager eine viel beliebtere Beute der Katzen sind als Vögel. Um Abhilfe zu schaffen, ist es vernünftiger, den Jagdtrieb der Hauskatze umzuleiten und ihr andere stimulierende Beschäftigungen zu bieten, an denen sie ihren Instinkt austoben kann (siehe Seite 114–115 und 126–127).

Stadien der Jagd

Eine typisch ablaufende Jagd hat folgende Schritte:

- Beobachten
- Anschleichen
- Aufscheuchen und Hetzen
- Zuspringen
- Töten

Eine Katze, die sich hinter einem Busch mit eingezogenen Zehen ins Gras duckt, liegt wahrscheinlich auf der Lauer. All ihre Sinne sind darauf gerichtet, ein Rascheln zu hören, eine Vibration zu spüren, also etwas wahrzunehmen, was auf Beute schließen lässt. Ist Geeignetes in unmittelbarer Nähe, kann es sein, dass die Katze das Hinterteil leicht hebt, ein wenig damit wackelt und dann zuspringt. Vielleicht aber schleicht sie sich geduckt und die Augen fest auf einen bestimmten Punkt geheftet leise an, ehe sie der fliehenden Beute nachjagt, dann springt und die Maus mit den normalerweise eingezogenen, jetzt aber ausgefahrenen Krallen packt.

Links: *Katzen vollführen täglich Bewegungen, die eigentlich für die Jagd typisch sind, selbst wenn sie gar nicht auf Beutefang sind, sondern nur Spielzeug »jagen«.*

Oben: *Um ein Beutetier zu orten, sind Geräusche und Geruch wichtiger als die Sicht, die eher darauf geeicht ist, sich rasch bewegende Objekte in gewisser Entfernung wahrzunehmen.*

Handelt es sich um einen geschickten – oder hungrigen – Jäger, wird die Katze den Fang mit einem Biss in den Nacken, der das Rückenmark durchtrennt, töten.

Spiel mit der Beute

Einen Aspekt des Jagdverhaltens finden viele Menschen abstoßend: Die Katzen scheinen nämlich Vergnügen daran zu haben, die erhaschte Beute zu »quälen«. Doch man missversteht das Verhalten völlig, wenn man es als gemeines Spiel einordnet.

Katzen sind nicht grausamer als die Natur insgesamt. Was sie tun, ist von der Notwendigkeit diktiert, und die heißt: Alle Risiken so gering wie möglich halten. Ein Beutetier zu schwächen, ehe man sich ihm mit dem eigenen Maul nähert, ist eine sinnvolle Vorsichtsmaßnahme.

Ein scharfer Schnabel kann einer Katze das Auge aushacken, die kleinste von den Zähnen eines Nagers verursachte Wunde kann sich schlimm entzünden, Risiken, die es zu vermeiden gilt. Die Beute so lange mit den Pfoten herumzuschubsen, bis sie desorientiert und zu keiner Abwehr mehr fähig ist, dient der Minimierung des Risikos. Ein Beutetier, dass sich sehr heftig zur Wehr setzt, kann sogar entkommen, weil die Katze das eigene Risiko als zu hoch einschätzt.

Heimbringen des Fangs

Warum manche Katzen diese unerfreuliche Angewohnheit haben, ist noch immer eine offene Frage. Ein praktischer Nutzen könnte darin liegen, dass ein aus seiner gewohnten Umgebung herausgeholtes Tier die Orientierung verliert und daher weniger leicht entflieht. Auch hat es seine Vorzüge, eine Beute, die man verzehren möchte, in eine sichere Umgebung zu bringen, wo man in Ruhe fressen kann. Eine weitere Theorie besagt, eine Katze, die den Fang zu ihrem Besitzer bringe, wolle ihm lehrhaft demonstrieren, wie sich eine »echte« Katze verhält, oder die anderen Katzen des Haushalts anregen, ihre Jagdfähigkeiten zu üben.

Was auch immer der Grund sein mag, das Verhalten kann zu Konflikten zwischen Katze und Halter führen. Besonders dann, wenn die Katze den normalen Ablauf einer Jagd nicht richtig »drauf« hat und beispielsweise den Tötungsbiss nicht beherrscht, was bei vielen Hauskatzen der Fall ist. Sie bringen

dann eine noch lebende Beute nach Hause. Ist dieses Tier nicht betäubt, wird es sich, sobald die Katze es loslässt, hinter Möbel oder in unzugängliche Ecken flüchten; der Jäger selbst aber hat alles Interesse verloren. Es gibt aber auch Katzen, die stundenlang auf den Fleck starren, an dem die Beute zuletzt zu sehen war, denn dass es andere Fluchtwege geben könnte, ist ihr nicht klar.

__Oben:__ Wie alle anderen Fähigkeiten müssen Katzen auch das richtige Jagen lernen. Die tapsigen Versuche einer Jungkatze zu beobachten kann sehr amüsant sein.

__Links:__ Katzen »spielen« mit ihrer Beute, um sie zu betäuben, damit sie selbst, wenn sie den Tötungsbiss ansetzen, nicht von Krallen, Zähnen oder Schnäbeln der Beute verletzt werden.

Übung macht den Meister

Viele Hauskatzen bleiben ihr Leben lang unfähig, die Schritte einer erfolgreichen Jagd in die richtige Reihenfolge zu bringen. Wozu auch, sie werden ja versorgt. Und wie sollen sie richtig jagen lernen, wenn schon die eigene Mutter es nicht mehr kann. Das erklärt, warum viele Hauskatzen Dinge, auch potenzielle Beutetiere, fangen können, dann aber nicht wissen, was sie damit tun sollen. Da sie immer gut gesättigt sind, verschwenden sie viel Energie darauf, Beute zu fangen, die sie in der freien Natur kaum ernähren könnte, etwa Schmetterlinge oder andere Insekten. Für Wildkatzen mag das Nahrung in Notzeiten sein, doch wirklich am Leben erhalten kann solche Nahrung sie nicht.

Ein weiterer Aspekt dieser Verhaltensweisen der Hauskatzen ist der, dass sie – es sei denn sie werden ausgesetzt, haben sich verlaufen oder finden aus anderen Gründen nicht nach Hause zurück – nie wirklich für sich selbst sorgen müssen. Das heißt, sie brauchen im strengen Sinne nicht erwachsen zu werden. Oft werden Hauskatzen auch sehr jung kastriert, erreichen also nie die Geschlechtsreife und bleiben folglich auch in dieser Hinsicht quasi Jugendliche. Das betrifft nicht jede Hauskatze, weshalb es sehr effektive Jäger unter ihnen gibt, die fast ihr Leben lang der erfolgreichen Jagd frönen. Die meisten Hauskatzen aber jagen einfach nur deshalb, weil sich ihnen die Gelegenheit dazu eröffnet. Und das heißt: Bietet man ihnen mit geeignetem Spielzeug einen würdigen Ersatz für die Jagd, sind sie damit völlig zufrieden.

Fressgewohnheiten

Wildkatzen sind einsame Jäger. Um ihre Nahrung erbeuten zu können, müssen sie fit, gesund, schnell und auf ihre eigene Sicherheit bedacht sein. Ihre ganze Anatomie ist auf Beutefang hin ausgerichtet. So lange sie über die nötigen Fähigkeiten verfügen Beute aufzustöbern, ist ihr Überleben gesichert.

Die typische Anatomie

Der Gesichtsteil des Katzenkopfes ist kurz und relativ flach, dadurch sind die Kiefer und Kaumuskeln kräftig. Doch hat die Katze weniger Zähne als andere Fleischfresser. Alle Zähne, mit Ausnahme der Schneidezähne, die eher beim Putzen Verwendung finden, sind scharf, damit die Fleischnahrung zerrissen und zerkleinert werden kann. Man sieht den Unterschied, wenn die Katze gähnt. Man wird bemerken, dass Katzen wenig kauen, sie schlingen die Brocken eher. Andererseits würgen sie verschluckte Haare wieder aus, und auch Gras kann ihnen im Hals stecken bleiben.

Fütterungsplan

Üblicherweise füttern wir unsere Katzen ein- oder zweimal täglich, eine Routine, die meist von unserem eigenen Zeitplan diktiert ist. Zusammen mit dem oft bewegungsarmen Lebensstil unserer verwöhnten Katzen führt diese Regelmäßigkeit leicht zur Fettleibigkeit (siehe Seite 124–125), denn die Hauskatzen verlieren offenbar die Fähigkeit, ihr Fressbedürfnis zu regulieren. Weil ihnen die Nahrung angeboten wird, fressen sie, als ob morgen eine Hungersnot ausbrechen könnte, aber nicht nach ihrem tatsächlichen Bedarf.

Viele Katzenhalter drücken ihre Zuneigung dadurch aus, dass sie ihrem vierbeinigen Liebling besondere Leckerbissen reichen. Damit aber führen sie ihm auch zusätzliche Kalorien zu. Das geschieht ebenfalls besonders leicht, wenn die Katze handelsübliches Trockenfutter bekommt. Die laut Packung für das Gewicht, das Alter und die Größe der Katze empfohlene Menge scheint so kärglich, dass viele Halter dazu neigen, ihrem kleinen Freund eine größere Portion zu geben. Eine solche Fürsorglichkeit ist unangebracht. Am besten ist es, die Fütterung völlig anders zu gestalten und der Katze 10 bis 12, vielleicht sogar 16 mausgroße Portionen täglich zu reichen. Von einer solchen Praxis würde die Katze sehr profitieren.

Wählerische Esser

Obgleich sie normalerweise nur nach Bedarf fressen, stehen Katzen in dem Ruf, sehr heikel zu sein, wenn es ums Fressen geht. Über die Ernährungsgewohnheiten der Katzen gibt es noch viel zu lernen und ihre Mäkeligkeit macht vielen Katzenhaltern Probleme. Doch es ist sinnvoll, dass Tiere, die in freier Wildbahn allen möglichen Risiken ausgesetzt sind, Vorsicht walten lassen, bei dem, was sie fressen, zumal Katzen

Links: *Angesichts der »Fettleibigkeitsepidemie«, die unter Hauskatzen zu grassieren scheint, ist die Art, wie wir unsere Katzen zu füttern pflegen, ins Gerede gekommen.*

Rechts: *Der Verzehr ungiftiger Gräser tut dem Verdauungssystem der Katze gut. Beobachten Sie aber, ob sie hinterher anhaltend hustet. Dann muss die Katze zum Tierarzt.*

sehr wenig Resistenz gegen Giftstoffe besitzen. Deshalb meiden Katzen Nahrungsmittel, die ihnen fremd sind – eine Eigenschaft, die man Neophobie, Angst vor Neuem, nennt.

Andererseits wird auch Katzen das Immerselbe irgendwann langweilig und sie akzeptieren Neues, solange es in der vertrauten Form als Dosen- oder Trockenfutter angeboten wird. Meist kehren sie aber rasch zum Altvertrauten zurück – gewöhnlich dann, wenn man die Vorräte gerade mit dem Neuen aufgestockt hat.

Man weiß nicht, was bei den Vorlieben überwiegt, das Ererbte oder das in früher Kindheit durch Erfahrung Erworbene, doch ganz sicher spielt das Aussehen, der Geschmack, der Geruch und die Temperatur der Nahrung eine Rolle. Der Geschmack scheint das wichtigste zu sein. Kränkelnde oder alte Katzen, deren Geruchssinn nachlässt, sollte man durch eine Nahrung locken, die auf Körpertemperatur erwärmt ist, denn dadurch wird sie aromatischer.

GRAS NASCHEN

Ungiftige Pflanzen versorgen die Katze mit Ballaststoffen, die ihren Verdauungstrakt gesund halten. Manchmal aber können lange Grashalme an ihrem Gaumen kleben bleiben oder in den Nasengang geraten. Machen Sie sich keine Sorgen, wenn Ihre Katze im Garten Gras frisst – das ist normal –, doch wenn sie danach längere Zeit hustet, dann sollten Sie sie unbedingt zum Tierarzt bringen.

Es gibt spezielles Katzengras, das man in Töpfen kaufen und in der Wohnung für die Katze bereitstellen oder im Garten auspflanzen kann.

Trinken

Die Trinkgewohnheiten ihrer Katzen verwirren die Halter oft, machen sie gar besorgt. Doch kann es auch lustig sein zu beobachten, wie die Katze abfließendes Wasser aus der Duschwanne trinkt oder auf dem Rand der Badewanne balanciert, um das Badewasser zu untersuchen.

KATZEN BRAUCHEN WASSER

Die Zahl der Halter, die ihre Katze mit Trockennahrung versorgen, hat in den letzten Jahren stetig zugenommen. Dem hygienischen und vorratstechnischen Vorteil dieser Fütterungsart stehen wichtige medizinische Aspekte gegenüber. Vor allem dem Trinkverhalten der Katzen kommt große Aufmerksamkeit zu.

In freier Wildbahn lebende Katzen beziehen fast ihren ganzen Wasserbedarf aus der Nahrung, die sie fressen. Manche Besitzer von Hauskatzen berichten, dass ihre Tiere das ihnen täglich frisch neben den Fressnapf gestellte Wasser vollkommen ignorieren. Wenn auch Ihre Katze das tut, müssen Sie ihr trotzdem weiterhin jeden Tag frisches Wasser anbieten. Es kommt aber darauf an, wie Sie Ihre Katze zum Trinken ermuntern.

MENGENKONTROLLE
Kontrollieren Sie die Flüssigkeitsmenge, die Ihre Katze zu sich nimmt. Trinkt sie viel, weil sie Trockenfutter bekommt, oder so gut wie nichts, weil Sie sie mit feuchtem Dosenfutter ernähren? So können Sie Änderungen im Verhalten erkennen, die möglicherweise darauf hindeuten, dass etwas nicht in Ordnung ist und die Katze zum Tierarzt muss.

TRINKGEWOHNHEITEN

In der Wildnis sind Fressen und Trinken für die Katze zwei grundsätzlich verschiedene Dinge. Eine Katze, die an einem Tümpel trinkt, frisst dort nicht. Jagen und Fressen spielt sich an einem anderen Ort ab. Direkt neben dem Fressnapf stehendes Wasser ergibt für die Katze keinen Sinn.

Außerdem sehen Katzen gern ihr Spiegelbild auf der Wasseroberfläche, denn das hilft ihnen, die Entfernung abzuschätzen. Können sie das nicht, sind sie verunsichert. Eine kleine Schale mit Wasser wird deshalb ignoriert.

Viele Katzen mögen es nicht, wenn ihre Schnurrhaare beim Fressen oder Trinken den Rand der Schale berühren. Auch das oft chemisch aufbereitete Wasser aus dem Hahn behagt ihnen meist nicht. Andere Katzen bevorzugen den sauerstoffreichen, gut sichtbaren Strahl von laufendem Wasser aus dem Hahn.

Beobachten Sie Ihre Katze. Stellen Sie keine Vermutungen über ihre Vorlieben an, kommen Sie ihr entgegen.

DIE TRINKMENGE ERHÖHEN

Es gibt eine Reihe von Möglichkeiten, wie Sie Ihre Katze ermuntern können, mehr zu trinken:

- Probieren Sie verschiedene Gefäße aus: groß und tief, eher weit und flach, einen altmodischen Suppenteller vielleicht.
- Stellen Sie das Gefäß an verschiedenen Stellen in der Wohnung auf.
- Lassen Sie einen Hahn tropfen.
- Stellen Sie einen Zimmerbrunnen auf, in dem das Wasser in ununterbrochener Bewegung ist. Besonders für einäugige oder blinde Katzen ist das günstig, denn sie können sich dann am Geräusch orientieren. Auch gut sehende Katzen beobachten das plätschernde Wasser gern.
- Mischen Sie etwas Wasser oder Brühe unter das Futter. Da das die Zahngesundheit beeinflussen kann, besprechen Sie das erst mit dem Tierarzt.
- Pürieren Sie Thunfisch oder Fleisch mit viel Wasser und bereiten sie daraus gefrorene Würfel zu, die sie bei Bedarf schmelzen lassen. Manche Katzen lassen sich davon zum Trinken verführen.
- Bieten Sie ihr stilles Wasser aus der Flasche an.
- Im Garten könnte ein frisch mit Regenwasser gefülltes Vogelbad für die Katze attraktiv sein.

Bleiben Sie bei dem, was der Katze am ehesten zusagt. Diese Wasserquelle muss der Katze dann immer zugänglich sein und regelmäßig mit frischem Wasser gefüllt werden.

Links: *Heute wissen wir mehr über die Trinkgewohnheiten der Katzen und können ihnen Besseres bieten, als ein Gefäß voll Wasser neben dem Fressnapf.*

Unten: *Chemisch versetztes Wasser aus dem Hahn mögen viele Katzen nicht, sie suchen sich dann eine Wasserquelle im Freien.*

Revier

Das Revier, für die wilden Vorfahren lebenswichtig, spielt auch für die Hauskatzen noch immer eine wichtige Rolle. Die Größe des Reviers, was es enthält und ob es ihren Bedürfnissen entspricht, kann für das Wohlbefinden Ihrer Katze ausschlaggebend sein. Die »tägliche Routine« der Katze hängt mit dem Revier zusammen und führt manchmal zu Problemen mit dem Halter.

Links: *Einen beträchtlichen Teil ihrer Wachzeit verbringen Katzen damit, zu prüfen, ob im Revier alles stimmt.*

Rechts: *Katzen brauchen »Aussichtspunkte«, von denen aus sie einen guten Überblick über ihr Revier haben.*

Revierbehauptung

Jedes Tier, das über ein Revier verfügt, wird es verteidigen. Vielleicht finden Sie es merkwürdig, dass auch Ihre Katze, die doch alles hat, was sie braucht, ihr Revier behauptet, aber es ist ein instinktives Verhalten. Je nach ihrer Familiengeschichte, ihrem individuellen Temperament und dem Raum, der ihr zur Verfügung steht, wird das Verhalten unterschiedlich stark ausgeprägt sein und entsprechend viel Zeit wird sie darauf verwenden, das Revier zu markieren und die Markierungen zu erneuern.

Selbst Katzen, die Eindringlingen gegenüber nicht sonderlich aggressiv sind, können sich intensiver um ihr Revier kümmern, als der Augenschein vermuten lässt. Wenn Ihre Katze den Kopf an Gegenständen reibt, die neu in ihre Umgebung gekommen sind, oder mit der Flanke dicht daran entlang streicht, setzt sie damit Duftmarken. Man könnte auch sagen, sie etikettiert diese Gegenstände als zu ihrem Bereich gehörend.

Natürlich hat alles, was sich im Revier der Katze befindet – sei es ein neues Möbelstück oder die Tasche, mit der Sie täglich zur Arbeit gehen – seinen eigenen Geruch. Wenn man aber bedenkt, wie wichtig Gerüche für Katzen sind, so wird es nicht überraschen, dass das Geruchsprofil solcher Gegenstände dem der gesamten Umgebung, in der die Katze zu Hause ist, angepasst werden muss.

Kontrolle muss sein

Wenn Sie die Umgebung Ihrer Katze anschauen, dann bedenken Sie, dass die Ressourcen, die Sie ihr bieten, für sie so wichtig sind wie die Landmarken in der Umgebung der wild lebenden Katzen für diese. Sie liefern Ihrer Katze Nahrung, einen Schlaf- und Ruheplatz, Gesellschaft und Spielzeug, doch die Katze muss entscheiden können, wann und wie sie diese Dinge nutzt. Katzen, die um das Gefühl gebracht sind, ihr Revier unter Kontrolle zu haben, leiden unter Dauerstress.

Zweifellos hat Ihre Katze ein leichteres Leben als ihre wild lebenden Artgenossen. Dennoch werden Sie beobachten, dass auch sie regelmäßig ihren Rundgang durch ihre Domäne macht und dabei, je nach den herrschenden Umständen, einige oder alle jene Verhaltensweisen an den Tag legt, die dazu dienen, dieses Areal als das ihre zu markieren und zu behaupten. Das ist nötig, weil sich die einmal gesetzten Duftmarken verflüchtigen. Vielleicht leben andere Katzen in der Nähe, die ebenfalls ihre Spuren hinterlassen, die dann wieder überdeckt werden müssen. Auch sichtbare Markierungen wie etwa Kratzspuren werden erneuert. Der Kreislauf von Patrouille, Inspektion und Erneuerung kommt zu keinem Ende. Wie die wilden Vorfahren ist auch die Hauskatze von diesem ihr eingeprägten Überlebensinstinkt geleitet.

Angesichts dessen ist es sinnvoll, der Katze Zugang zu erhöhten Standorten zu bieten, von denen aus sie freien Überblick über ihr Revier und das sich darin abspielende Geschehen hat. Im Freien klettern sie dazu gern auf Bäume, Zäune oder niedrige Dächer. Solche erhöhten Standorte verschaffen der Katze auch eine bessere Ausgangsposition, sollte die Verteidigung des Reviers aktives Handeln erfordern. Doch auch Plätze, die als Versteck dienen können, etwa das dichte Laub eines Baumes oder ein Busch, werden gern aufgesucht. Sei es, weil die Katze dort Schutz sucht, sei es, weil sie aus dieser Deckung heraus eine mögliche Beute belauert.

Reviereinteilung

Das Revier Ihrer Katze, sei es groß oder klein, ist kein Gesamtareal, in dem sich die Dinge ihres Lebens wahllos abspielen. Vielmehr sind aus der Sicht der Katze bestimmte Bereiche des Reviers ganz bestimmten Funktionen zugeordnet. Das zu wissen und zu respektieren ist entscheidend, wenn Sie Ihre Katze verstehen wollen.

Dreiteilung des Reviers

Das individuelle Revier einer Katze ist in drei Hauptbereiche geteilt. Jeder hat seine ganz bestimmte Bedeutung:

- Der Kernbereich: Diese Zone ist den lebenswichtigen Funktionen zugeordnet: Fressen, Schlafen, Spielen.
- Der Heimatbereich: Ein den Kernbereich umgebendes Areal, das als eine Art Pufferzone zwischen der Domäne der einen und einer anderen Katze darstellt.
- Das Jagdrevier: Ein noch größerer Bereich, der sich mit dem Heimatbereich anderer Katzen überschneiden kann.

Wie groß jedes dieser drei Areale ist und wie heiß es umkämpft wird, hängt von der örtlichen Katzenpopulation ab. Im urbanen Vorstadtbereich, wo die Menschen oft in Reihenhäusern zusammenwohnen und Katzen beliebte Haustiere sind, haben die Tiere oft nur zu einem kleinen Gartengrundstück Zugang. Eine neu in diese Zone kommende Katze kann mit der Tatsache konfrontiert sein, dass »ihr« Garten bereits von den Nachbarkatzen beansprucht wird. Sich dort als Neuankömmling zu behaupten, kann ein schwieriger, Stress auslösender, einschüchternder Prozess sein. Das wiederum kann Auslöser von Verhaltensstörungen sein, die die Katze in Konflikte mit dem Menschen bringt.

Das Revierverhalten der Hauskatzen ähnelt dem, das ihre Vorfahren in der Wildnis an den Tag legten. So beanspruchen Kätzinnen kleinere Bezirke als Kater, die auf der Suche nach paarungswilligen Weibchen größere Areale durchstreifen. Heute lassen die meisten Katzenhalter ihre Tiere kastrieren, was sich dann auch auf die beanspruchten Reviere auswirkt. Kastrierte Katzen sind mit kleineren Arealen zufrieden, da sie aller Sorgen enthoben sind, die mit der Fortpflanzung verknüpft sind. Doch spielen auch hier ererbte Eigenschaften, das individuelle Temperament sowie das Alter, in dem die Katze kastriert wurde, eine Rolle. Hat man Katzengeschwister ungleichen Geschlechts, die beide vor der Geschlechtsreife kastriert wurden, wird der Kater dennoch ein größeres Territorium durchstreifen als seine Schwester.

Ein Teil dieses Verhaltens ist in der Jugend erlernt. Manche Menschen nehmen ihnen zugelaufene erwachsene Kater auf und lassen sie kastrieren. Die Entfernung der Hormondrüsen mag die Tiere etwas ruhiger machen, doch wenn es ihre Gewohnheit war, weite Streifzüge zu unternehmen, wird der Hang dazu trotzdem erhalten bleiben.

Leben zwei oder mehr Katzen in einem Haushalt zusammen, kann es sein, dass sie einen gemeinsamen Kern- und Heimatbereich beanspruchen, es kann aber auch sein, dass ein Tier (oder alle) kleine Individualreviere brauchen. Das hängt von den Persönlichkeiten der Katzen ab und von den Beziehungen, die sie untereinander haben. Der ganze Themenkomplex ist gegenwärtig Gegenstand gründlicher Untersuchungen, denn man muss die territorialen Bedürfnisse der Katzen verstehen, will man in einem Mehrkatzenhaushalt allen Tieren gerecht werden und Probleme meiden.

Links: *Selbst wenn sie ruhen, nehmen die meisten Katzen wahr, was um sie herum geschieht.*

Rechts: *Die Reviere können heiß umkämpft sein, wenn Vorstadthäuser dicht an dicht stehen und die Gärten klein sind.*

Reviermarkierungen

Natürlich nützt es keiner Katze, ein kleines oder größeres Revier zu haben, dessen Grenzen sie nicht durch Markierungen festlegen kann. Die klugen Katzen haben deshalb Strategien entwickelt, ihren Claim abzustecken und so direkte Konfrontationen, gar Kämpfe mit Artgenossen zu vermeiden, denn die Markierungen sind eine Art Stoppschilder für potenzielle Eindringlinge.

Grenzmarkierungen

Vier Markierungsarten werden von Katzen verwendet, um die Grenzen ihres Reviers zu bestimmen:

- Kratzspuren
- Duftmarken
- Urinmarken
- Kotmarken

Mit den aus den Absonderungen der Duftdrüsen gesetzten Duftmarken können sich die Katzenhalter gewiss am ehesten abfinden, vor allem bei den reinen Wohnungskatzen, denn die weniger empfindliche Nase des Menschen nimmt sie kaum wahr. Wenn Katzen allerdings Urin verspritzen oder die Möbel verkratzen, ist das schon unangenehmer. Dass sie außerhalb des Katzenklos Kot absetzen, kommt selten vor und hat dann immer triftige Gründe.

Kratzspuren

Die meisten Katzenbesitzer kennen den Anblick von Katzen, die sich vor einem vertikalen Gegenstand so hoch aufrichten wie sie nur können, um dann die Pfoten mit ausgefahrenen Krallen und beträchtlichem Druck daran nach unten zu ziehen. Die Kratzspuren, die sie auf diese Art an Baumrinden, Zaunpfählen, Stuhlbeinen, Schränken oder Türrahmen hinterlassen, dienen dem Zweck, gut sichtbar zu verkünden: »Das ist mein Bereich.« Je höher die Markierung angebracht werden kann, desto effektiver ist sie aus Sicht der Katze. Deshalb bleiben so viele Kratzbäume unbeachtet. Sie sind nicht hoch genug (und oft zu wackelig) und stehen an Stellen, die für die Katze keine Relevanz haben.

So, wie Menschen ihre Grundstücke einzäunen und den Eingang hervorheben, hinterlassen Katzen ihre sicht- und

riechbaren Spuren an den Grenzen des Reviers. Deshalb sieht man Kratzspuren zumeist an:

- Türen, die nach draußen führen
- Türen, die in Räume führen
- Pfosten des Gartenzauns
- Bäumen innerhalb des Heimatbereichs

Es kann sogar sein, dass Katzen am Rahmen offener Fenster Kratzspuren hinterlassen, weil die einströmende Luft ein anderes Duftprofil hat, weshalb die Katze auch hier ihren Bereich absteckt.

Es ist auch nicht ungewöhnlich, dass hervorstechende Gegenstände entlang der üblichen »Pfade« der Katze mit Kratzspuren oder auf andere Weise markiert werden.

Zusätzlicher Nutzen

Kratzspuren zu setzen beansprucht und trainiert die Muskeln, Sehnen und Bänder der Vorderbeine und Pfoten. Außerdem ist es eine Art Krallenpflege, denn die ständig nachwachsenden Krallenhüllen werden so abgestreift.

Man kann auch beobachten, dass Katzen am Boden Kratzspuren machen, wenn sie sich nach dem Schlafen strecken – wie wir das ja auch gern tun –, um die Muskeln und Gelenke zu lockern und in Schwung zu kommen.

Die Rolle der Gerüche

Bedenkt man, wie wichtig Gerüche für Katzen sind, so wird es nicht überraschen, dass beim Setzen von Kratzspuren natürlich auch Duftstoffe appliziert werden, die für andere Katzen deutliche Botschaften sind. An der Unterseite der Katzenpfote liegen Duftdrüsen, die beim Kratzen angeregt werden, ihre Stoffe abzugeben. Man muss kaum erwähnen, dass unsere Nasen diese Geruchsstoffe, die für die Katzen der Nachbarschaft wichtig sind, nicht wahrnehmen können.

Wenn Kratzspuren zum Problem werden

Viele Katzenhalter können vor allem dieser Markierungsart nichts abgewinnen. Sie sind sogar bereit, der Katze gezielte Boshaftigkeit zu unterstellen. Doch man muss sich vorstellen, wie bedrängt sich eine Katze fühlt, wenn es Neuerungen in ihrem Revier gibt, wenn vielleicht sogar neue Lebewesen – ein Baby, eine weitere Katze, ein junger Hund – hinzukommen. Das löst Verunsicherung aus, die neue Grenzmarkierungen für die Katze zwingend machen.

Rechts: *Kratzspuren zu hinterlassen ist typisch für Katzen – und innerhalb einer Wohnung sehr problematisch.*

Links: *Weniger ärgerlich für die Katzenbesitzer ist das Markieren mit Duftstoffen aus den Duftdrüsen am Körper der Katze.*

Ebenfalls großen Stress löst es aus, wenn die sorgfältig gesetzten Marken ständig dem Putzlappen zum Opfer fallen. Emotionale Verunsicherung ist einer der Hauptgründe für verstärktes Markieren in all seinen Formen.

Duftmarken setzen

Die Art und Weise, wie Duftmarken gesetzt werden, hat etwas Niedliches, vor allem wenn die Katze uns markiert. Manche Halter bekommen gar nicht mit, was die Katze tut; in jedem Fall ist es ihnen angenehmer als die Kratzspuren, denn schlimmstenfalls kann wiederholtes Markieren ölige Flecken hinterlassen.

Die Botschaft ist klar

Wenn Sie Ihre Katze bei einem Rundgang durch den Garten beobachten, werden Sie sehen, wie sie an den Pflanzen und den herumstehenden Gerätschaften schnuppert und dann plötzlich nachdrücklich das Gesicht an einem bestimmten Gegenstand reibt. Mit den Drüsen an ihren Lippen bringt sie so Duftstoffe auf den Gegenstand auf. Diese Methode der Markierung wird vor allem dann eingesetzt, wenn eine andere Katze – oder ein Hund oder Fuchs – Duftmarken hinterlassen hat, die es zu überdecken gilt. Fühlt sie sich besonders bedroht, könnte es sogar sein, dass die Katze etwas Urin auf den Gegenstand spritzt, um unmissverständlich klar zu machen, wer Herr im Revier ist.

Auch im Bereich zwischen Augen und Ohren hat die Katze Duftdrüsen, ebenso an den Flanken und rund um die Schwanzwurzel. Die Drüsen am Kopf sind im Einsatz, wenn die Katze den Kopf an Gegenständen und Personen im Haus, auch an Ihnen, reibt und dabei Duftstoffe darauf verteilt. Gerüche aus den Duftdrüsen an den Flanken werden verteilt, wenn die Katze eng an Gegenständen, etwa Ihren Beinen, den Tisch- oder Stuhlbeinen entlang streift. Sie markiert damit alles, was »fremd«riecht und als ihr gehörig etikettiert werden muss, indem es ihren Geruch bekommt. Die Katze verleiht den Gegenständen also einen ihr Sicherheit verschaffenden Gemeinschaftsgeruch, der quasi ständig die Botschaft verströmt, dass der Kernbereich des Reviers sicher markiert und abgesteckt ist.

Zeichen der Spannung

Haben Sie mehr als eine Katze und vertragen sie sich, können Sie beobachten, wie sich die beiden beschnüffeln, wenn sie sich begegnen – erst an der Nase, dann am Hinterteil. Es ist nichts als eine Rückversicherung, dass sie beide zur »Hausgruppe« gehören. Kommen sie gut miteinander aus, werden sie auch die auf Seite 31 beschriebenen Bindungsrituale ausführen.

Ihnen bieten diese Verhaltensweisen die Möglichkeit zu sehen, wie harmonisch es in ihrem Mehrkatzenhaushalt zugeht. Beobachten Sie zwischen Ihren Katzen nie die beschriebenen Begrüßungs- und Bindungsrituale, hingegen verstärkte Markierungsaktivitäten an Stellen, an denen eben eine der anderen Katzen Markierungen anbrachte, dann kommen Ihre Katzen sehr viel weniger gut miteinander zurecht, als Sie vielleicht meinen. Wird nicht erkannt, dass Spannungen zwischen den Katzen herrschen, kann es zu dem Markierungsverhalten kommen, das ab Seite 54 behandelt wird.

PHEROMONTHERAPIE

Die natürlichen Duftstoffe, die Tiere verwenden, um sich gegenseitig Botschaften zu vermitteln, werden Pheromone genannt. Die Pheromontherapie ist ein anerkanntes therapeutisches Mittel, das gern eingesetzt wird, um durch Stress hervorgerufenes Fehlverhalten von Katzen zu behandeln.

Zwei typische Absonderungen der Gesichtsdrüsen (F3 und F4), die Katzen verwenden, um Gegenstände und Personen zu markieren, wurden isoliert, wissenschaftlich auf ihre Wirkungsweise hin untersucht und sind jetzt synthetisiert im Handel erhältlich. Man weiß nicht genau, wie sie wirken, doch dass sie ängstliche Katzen beruhigen können, ist gesichert. Das künstlich hergestellte F3 hilft bei Problemen, die entstehen, wenn Katzen im Wohnungsbereich zu intensiv markieren. Tierärzte empfehlen es, um Spannungen zwischen Katzen abzubauen, aber auch, um Einzeltiere zu beruhigen, wenn Angst erzeugende Dinge anstehen, wie etwa ein Besuch beim Tierarzt, ein Umzug in eine neue Umgebung und Ähnliches.

Das künstlich hergestellte F4 wird benutzt, um das Personal in den Tierarztpraxen für die Katze weniger einschüchternd riechen zu lassen.

Links: *Katzen streifen schnüffelnd durch den Garten, um den Geruch anderer Tiere aufzunehmen. Treffen sie auf einen solchen, verteilen sie den eigenen Duft darauf mit dem Kopf.*

Oben: *Beobachtet man ein solches Begrüßungsverhalten, ist das ein gutes Zeichen. Die Berührung mit der Nase ist ein Begrüßungs- und Wiedererkennungsritual. Fehlt es, herrscht Spannung.*

Urinmarken

Beide Geschlechter setzen Urinmarken, sowohl um ihr Revier abzugrenzen, als auch um ihre Paarungsbereitschaft zu signalisieren. Da auch kastrierte Katzen ihr Revier markieren, bedienen sie sich auch dieser Methode um anzuzeigen, dass sie hier Herr sind. Ihre Motivation ist dann jedoch rein territorial, nicht sexuell.

Was wir sehen

Wenn die Katze zum Zweck der Markierung Urin verspritzt, nimmt sie dazu eine bestimmte Haltung ein. Zunächst schnuppert sie an einem Objekt. Dann dreht sie sich um und spritzt kleine Mengen Urin an die ausgesuchte Fläche, wobei ihr Schwanz leicht zittert und die Hinterfüße eine paddelnde Bewegung machen. Dadurch entsteht an dem Gegenstand ein sichtbarer Spritzfleck in Augenhöhe der Katze, der auch sichtbar bleibt, wenn der Urin trocknet. Interessanterweise ändert sich das Verhalten, wenn die Katze innerhalb der Wohnung, also in ihrem Kernbereich, zu dieser Markierungsmethode greift. Sie hockt dann, wie beim ganz normalen Urinieren. Urinmarken innerhalb der Wohnung sind immer ein Zeichen für Stress.
Üblicherweise setzt eine Katze ihre Urinmarken in der beschriebenen charakteristischen Weise an der Randzone ihres Heimatbereichs oder an Wegen, die ihn durchschneiden.

Katzen hinterlassen damit Informationen über:

- Ihre Gegenwart. Der Urin sagt anderen Katzen: »Ich wohne hier« oder »Ich bin gerade vorbeigegangen, also sieh zu, dass wir uns nicht begegnen«, denn fremde Katzen gehen sich prinzipiell lieber aus dem Weg.
- Ihre Identität: Der Geruch verrät anderen Katzen, ob es sich um Gruppen- oder Familienmitglieder oder Fremde handelt.
- Ihre Gesundheit und ihr Alter
- Ihr Geschlecht

Kotmarken

Diese Art der Markierung wird deutlich seltener eingesetzt als Kratzspuren, Duft- oder Urinmarken und erst jüngst wurde erkannt, dass es sich ebenfalls um eine Form der Markierung handelt. Zum verständlichen Entsetzen der Katzenhalter setzen manche Katzen das Verhalten auch im Kernbereich, also innerhalb der Wohnung oder des Hauses, ein. Das Verhalten unterscheidet sich vollkommen von der normalen Ausscheidung der Katze, die gewöhnlich sehr diskret geschieht. Da Kotmarken gesetzt werden, um Besitzansprüche geltend zu machen, soll die Hinterlassenschaft gesehen werden.

Jeder, der mit typischem Katzenverhalten vertraut ist, erkennt auf Anhieb, dass das Phänomen der Markierung mit Kot sich total vom normalen Verhalten unterscheidet, das Katzen beim Urinieren und Koten an den Tag legen. Wie stark der Unterschied ist, wird deutlich, wenn man sich das normale Toilettenverhalten anschaut (siehe Seite 62–63).

Oben: *Setzen Katzen ihre Urinmarken nur im Freien, haben die meisten Besitzer nichts dagegen. Problematisch wird es, wenn sie es in der Wohnung tun.*

Rechts: *Kotmarken dienen zur Markierung des Reviers. Meist werden sie an exponierten Stellen hinterlassen, etwa auf Dächern, wo sie gut sichtbar sind.*

Was löst das Verhalten aus?

Wenn Ihre Katze ihren Kot für jedermann sichtbar hinterlässt, so besteht für sie die zwingende Notwendigkeit, ihr Revier deutlich zu markieren. Deshalb hinterlässt sie ihre Exkremente an exponierten Stellen, wo andere Katzen sie sehen müssen. Man sieht ihre »Häufchen« deshalb auf Dachflächen von Gartenhäuschen oder Garagen, auf den Simsen von Gartenmauern, mitten auf Gartenwegen oder auf der Rasenfläche. Kommt es innerhalb der Wohnung zu diesem Verhalten sind aus einleuchtendem Grund besonders die Arbeitsflächen der Küche die bevorzugten Orte der Handlung, doch können auch andere Bereiche gewählt werden.

So unangenehm das Verhalten sein mag, sind Sie betroffen, weil Ihre Katze es an den Tag legt, so sollten Sie bedenken, dass eine Katze, die den eigenen Kernbereich derart drastisch verschmutzt, unter extremem Stress leidet. Sie tut das keinesfalls, um Ihnen Ärger zu machen. Bestrafung und Ausschimpfen werden folglich nichts nützen, eher können sie das Problem verschärfen und die Situation verschlimmern.

Was tun?

Nur wenige Katzenbesitzer erleben dieses Verhalten, doch sollten Sie zu diesen Wenigen gehören, so müssen Sie versuchen, die Situation aus der Sicht Ihrer Katze zu beurteilen. Finden Sie heraus, welche Faktoren eine Rolle spielen könnten, dass Ihre Katze sich derart großem Stress ausgesetzt fühlt. Erst wenn Sie wissen, was die Katze stört, können Sie das Problem effektiv und vernünftig angehen. Eine Möglichkeit, den Gründen auf die Spur zu kommen, ist ein Tagebuch, in dem man vermerkt, wann und wo das Phänomen auftritt und was sich im Umfeld des Geschehens abspielte. Zeichnen sie auf einem Wohnungsplan ein, wo das Malheur zu passieren pflegt. Bringen Sie all diese Informationen in Bezug zueinander und zu dem, was Sie hier über das Verhalten von Katzen gelernt haben, so wird es wahrscheinlich möglich sein, das Problem zu lösen.

Oben: *Mit schmalen Augen, gebleckten Zähnen und steif zur Seite stehenden Schurrhaaren gibt diese Katze mit ihrem ganzen Gesichtsausdruck zu verstehen, dass sie aggressiv ist und droht.*

Rechts: *Der senkrecht aufgerichtete Schwanz und die aufgestellten Ohren zeigen, dass die Katze voll angespannter Aufmerksamkeit ist. Sie hat die Kontrolle und will einer direkten Konfrontation aus dem Weg gehen.*

Aggression

Sämtliche Formen der Markierung sind Methoden der passiven Verteidigung. Sie sollen dazu dienen, Eindringlinge fernzuhalten. Ihre Katze schafft Abstand zwischen sich und anderen Katzen, und das kann erstaunlich effektiv sein. Manchmal aber reicht das Markieren nicht; dann bleibt der Katze nur die aktive Verteidigung.

Katzen meiden das Risiko

Es kann zu Situationen kommen, in denen Ihre Katze aggressiv reagieren muss. Die meisten Katzen versuchen allerdings, allen Risiken aus dem Weg zu gehen. Doch selbst wenn es zum Äußersten kommt, versuchen sie noch, den Kampf zu vermeiden. Die meisten zur Schau gestellten aggressiven Verhaltensweisen dienen dazu, den Abstand zu wahren oder zu vergrößern und so den meist zu Verletzungen führenden physischen Zusammenstoß zu umgehen.

Leider funktioniert die Strategie nicht immer und so kann man gelegentlich beobachten, dass Katzen sich angreifen. Der Angriff kann aber auch einem Menschen gelten und der kann nicht unerheblich verletzt werden. Meist geschieht dies, weil der Mensch die Bleib-mir-vom-Leib-Signale der Katze missdeutet oder ignoriert hat.

Aggressionen verstehen

Dass Katzen aggressiv werden, gehört zu ihrem normalen, in der freien Wildbahn entwickelten Verhaltensrepertoire. Doch keine Katze, wie angriffslustig sie auch scheinen mag, ist gern aggressiv. Wie alles andere, was Ihre Katze tut, ist auch ihre Bereitschaft zur Aggressivität von ihrem Erbgut, ihrem Temperament und ihrer Lebensgeschichte diktiert. Wie Menschen sind auch manche Katzen besonders aufbrausend und rasch zum Angriff bereit. Andere wählen, egal wie sehr sie bedroht oder bedrängt werden, lieber den Rückzug. Sie verstecken sich, tun so, als wären sie unsichtbar, und geben zu verstehen, dass sie für niemanden eine Gefahr darstellen.

Sie werden rasch feststellen, welcher Kategorie Ihre Katze angehört, wenn Sie beobachten, wie sie auf die Tiere und Menschen ihrer Umgebung reagiert. Machen Sie sich mit der Körpersprache Ihrer Katze vertraut und vergleichen Sie sie mit Fotos, die Katzen in verschiedenen emotionalen Stadien zeigen. So können Sie lernen, was bestimmte Körperhaltungen bedeuten und das Verhalten Ihrer Katze besser interpretieren. Vor allem können Sie sie vor Situationen schützen, von denen Sie selbst nicht gedacht hätten, dass sie der Katze Probleme machen könnten.

Lesen Sie vor allem die Kapitel 3 und 4 dieses Buchs sorgfältig. Sie werden dann besser abschätzen können, wie sich Ihre Katze in bestimmten Situationen fühlt, wie Ereignisse und Personen auf sie wirken. Es wird Ihnen helfen, besser mit Ihrer Katze umzugehen und effektiv auf sie einzuwirken, wenn es brenzlige Situationen gibt.

Anzeichen der Aggression

Wie inzwischen deutlich wurde, versendet eine Katze eine Menge Botschaften, ehe sie die Zähne bleckt, faucht oder spuckt – alles Zeichen von großem Missvergnügen oder Angst. Zu den aggressiven Vorzeichen gehören:

- Körpersprache: Die Katze steht gerade und aufrecht. Kopf und Schwanz sind leicht gesenkt und der Körper geduckt. Sie macht mit gesenktem Kopf und angelegten Ohren einen Buckel und hebt den Schwanz leicht an.
- Gesichtsausdruck: Auch er dient der Kommunikation unter Katzen. Die Schnurrhaare können entspannt sein oder steif und nach unten zeigend. Sie können steif zur Seite zeigen, wodurch die Katze größer und bedrohlicher wirkt.
- Augenkontakt: Macht eine Katze die Augen weiter oder enger, werden die Pupillen größer oder zu schmalen Schlitzen, wirkt sie entweder attraktiv und freundlich oder bedrohlich und drohend. Ein gerader langer Blick aus großen Augen mit erweiterten Pupillen ist das letzte Wort – wenn andere Katzen (oder Menschen) jetzt nicht klein beigeben, hat die Katze keine Wahl mehr, sie muss angreifen.

Stress und Furcht

Rechts: *Nach einem ruppigen Zusammenstoß putzen sich Katzen oft sehr sorgfältig, um sich zu beruhigen und Stress abzubauen.*

Unten: *Auf eine Gefahr angemessen zu reagieren kann überlebenswichtig sein, und Flucht ist eine gern von Katzen gewählte Option.*

Will man verstehen, warum eine Katze in einer bestimmten Situation zur aktiven Aggression neigt, so ist es hilfreich, die evolutionäre Bedeutung physiologischer und psychologischer Stressreaktionen zu kennen. Sie gehen Hand in Hand mit Furcht und der Wahrnehmung von Gefahr, beides wichtige Aspekte in der Welt der Katzen.

Stressreaktionen

Gewöhnlich sieht man Stress nur in negativem Licht. Und tatsächlich wirkt er sich schädlich aus, wenn er längere Zeit anhält und das gestresste Individuum dem konstanten Druck weder entfliehen noch die Situation verbessern kann. Andererseits muss man bedenken, dass kein Individuum und keine Art überleben würde, ohne die Fähigkeit, lauernde Gefahren zu erkennen und angemessen darauf zu reagieren. Um das zu leisten:

- Muss das Gehirn die drohende Gefahr erspüren, klar denken, um die richtige Entscheidung zu treffen, und den Körper über das Nervensystem auf die gleich nötige Aktion vorbereiten.
- Muss der Körper reagieren und dafür sorgen, dass Muskeln, Sehnen, Gelenke und das Gehirn besser durchblutet werden.

Im Stresszustand sind alle Körpersysteme in voller Alarmbereitschaft – kein angenehmes Gefühl, aber die meisten Menschen kennen es. Und den meisten war es dienlich, weil es sie vor einer Gefahr bewahrte.

Ist die Gefahr vorüber oder die Situation gemeistert, können sich Körper und Gehirn wieder entspannen, die Gefühle beruhigen sich, die Systeme werden »heruntergefahren«. Diese normalen, gesunden Reaktionen haben Katzen wie Menschen geholfen, den steinigen Weg durch die Evolution zu meistern.

Vier typische Verhaltensmuster

Wittert eine Katze eine potenzielle Gefahr, hat sie eine Reihe von Möglichkeiten, darauf zu reagieren. Sie kann flüchten, kämpfen, erstarren oder unbeteiligt tun. Ihre bevorzugte Wahl enthüllt eine Menge über den Charakter der Katze und verrät Ihnen, wie sich Ihre Katze in den Alltagssituationen fühlt und bei den Gelegenheiten, in denen Außergewöhnliches geschieht.

- Flucht ist eine beliebte Katzenstrategie, denn Katzen gehen direkten Konfrontationen lieber aus dem Weg.
- Kampf kommt nur dann in Frage, wenn es keinen Ausweg gibt oder die Katze irgendetwas wirklich unbedingt haben will – Nahrung, wenn der Hunger übermächtig ist, einen bestimmten Platz in der Wohnung. Oder wenn ein Widersacher verschwinden soll, am besten endgültig.
- Erstarren ist eine atypische Katzenstrategie. Verhaltensforscher und Tierärzte sind noch dabei zu erforschen, inwieweit Katzen sie wirklich einsetzen.
- Unbeteiligt tun ist eine Art Ersatzhandlung, man spricht auch von Übersprunghandlung, die man oft bei Katzen beobachtet, die in einem »Motivationskonflikt« stecken, also nicht wissen, wie sie angemessen reagieren sollen. Viele Katzenhalter haben schon beobachtet, dass Katzen plötzlich anfangen, sich zu putzen und dabei möglichst unbeteiligt zu wirken.

Menschen neigen dazu, an den Nägeln zu kauen, sich auf die Lippe zu beißen, nervös mit dem Fuß zu wackeln, Dinge auf einem Tisch umherzuschieben, wenn sie nicht wissen, wie sie auf eine Situation reagieren sollen. Katzen fangen dann meist an sich zu putzen. Da das in dem Moment völlig unpassend scheint, beobachten wir es amüsiert, bis wir begreifen, dass die Katze in einer Stresssituation steckt. Sie könnte eben gerade mit Mühe und Not einem Auto entkommen sein; nun sitzt sie da und leckt seelenruhig ihre Pfote. Das wirkt bizarr, dient aber einem Zweck – die Katze beruhigt sich damit selbst und stellt ihr inneres Gleichgewicht wieder her.

Erst dann, wenn Sie die Hintergründe der Handlungen Ihrer Katze verstehen, besonders, wie sie auf alles und jeden in ihrer Umgebung reagiert, werden Sie anfangen, sie kennen zu lernen. Auch die Arten und Weisen, wie sie mit Stress umgeht, sollten Ihnen vertraut sein. Erst wenn Sie das Verhalten Ihrer Katze richtig zu deuten vermögen, können Sie ausloten, wie wohl sie sich in ihrer Welt fühlt und Sie können hilfreich eingreifen, wenn potenziell gefährliche oder schwierige Situationen auftreten, indem sie den Stil Ihres Umgangs mit ihr entsprechend verändern.

Fitness und Wissen

Die Fähigkeit in jeder Situation richtig zu reagieren, hängt in hohem Maße von der körperlichen Fitness und dem Wissen ab, wie erlernte Taktiken praktisch einzusetzen sind. Wenn Ihre Katze die Nachbarkatzen, jedes Versteck und die besten Fluchtwege in ihrem Revier kennt, wird sie sich wohl fühlen, denn sie weiß, sie hat die Kontrolle.

Fit bleiben

Wie wir Menschen nur zu gut wissen, muss man sich sportlich betätigen, um fit zu bleiben und allen Anforderungen gewachsen zu sein. Der Körper muss in guter Kondition gehalten werden, damit plötzliche körperliche Anstrengungen nicht zu Verletzungen führen.

Bekanntlich machen Athleten regelmäßig Streckübungen. Genauso verhält sich Ihre Katze, wenn sie sich nach dem Aufwachen streckt, gähnt und die Krallen ausfährt, um sie für den nächsten Einsatz bereit zu machen. Hat Ihre Katze nicht den nötigen Raum, um zu laufen, zu springen und sich ausgiebig zu strecken, wird sie Mühe haben, sich fit zu halten. Rasche Bewegungen können dann zu Verletzungen führen. Auch wird sie zunehmen, was zu den medizinischen Problemen führen kann, die ab Seite 124 besprochen werden.

Spielregeln

Wie andere junge Wesen – einschließlich unserer Kinder – lernen auch Katzen im Spiel die Fähigkeiten, die sie später im Leben brauchen. Haben Sie eine oder mehrere Jungkatzen, müssen Sie ihnen viel Spielzeug und Raum zur Verfügung stellen, damit sie sich körperlich und geistig gut entwickeln können. Auch das soziale Verhalten muss geübt werden. Dabei darf man sich nicht darauf verlassen, dass andere Katzen schon von sich aus dafür sorgen, dass die Jungtiere alles Nötige lernen und ihre neuen Fähigkeiten üben.

Unfair wäre es auch, einem neu hinzugekommenen Jungtier zu erlauben, eine alte Katze zu plagen, weil sich sonst niemand mit ihm befasst. Deshalb rät man Katzenfreunden, die bereits eine erwachsene Katze haben und nun noch ein Kätzchen dazu nehmen wollen, lieber zwei Jungkatzen eines Wurfs zu erwerben. Sie können sich miteinander beschäftigen und das ältere Tier in Frieden lassen. Das kann funktionieren, aber Sie müssen die Situation immer im Auge behalten und dafür sorgen, dass es ausreichend Spielzeug und immer Interessantes und Neues für die Kätzchen gibt. Sonst kann es passieren, dass die beiden eine »Jugendgang« bilden und der alten Katze das Leben zur Hölle machen.

Erkundung

Wie dargelegt (siehe Seite 46–49), spielt das Revier und alles, was es enthält, eine wichtige Rolle für Katzen; sie kontrollieren es ständig und erforschen, was sich im näheren und ferneren Umkreis tut. Die Bereitschaft, neue Möglichkeiten auszutesten, indem vorsichtig erforscht wird, was sich in der Umgebung und im Revier Neues ereignet, mag schon so manchem Haustier das Leben gerettet haben. Dieses ständige Erkundungsverhalten gehört zu den Dingen, die uns Katzen so liebenswert machen. Welcher Katzenhalter hätte nicht schon geschmunzelt, wenn er beobachtet, wie sich die Katze einen Verpackungskarton oder eine Einkaufstüte ausguckt, beschnüffelt, mit ihrem Duft markiert, hineinspringt und dann vielleicht für eine Zeitlang zu ihrem Lieblingsplatz macht. Die negative Seite dieser Medaille besteht darin, dass wir der Katze ernste Probleme bereiten, wenn sie gleichzeitig mit zu vielen Veränderungen konfrontiert wird.

ERWACHSENE UND SPIEL

Normalerweise spielen erwachsene Katzen nicht mehr. Manchmal aber lassen sie sich doch darauf ein, besonders wenn sie als Wohnungskatzen wenig Abwechslung haben. Unsere Tendenz, Hauskatzen kastrieren zu lassen, mag dazu führen, dass Spielen ein wichtiger Bestandteil des Katzenlebens bleibt. Das Spiel kann auch dem Zweck dienen, Spannung und geistige oder körperliche Frustrationen abzubauen. Räumen Sie das Spielzeug nicht weg, bloß weil Ihre Katze jetzt erwachsen ist. Sorgen Sie vielmehr dafür, dass sie jede Menge Möglichkeiten findet, ihr Gehirn zu trainieren.

Oben: *Spielende Kätzchen wirken allerliebst und erheiternd auf uns. Tatsächlich gehen sie der ernsten Aufgabe nach, alles fürs Leben Nötige zu lernen.*

Links: *Neue Gegenstände wecken die natürliche Neugier der Katzen und ein Pappkarton bietet beste Erkundungsmöglichkeiten.*

Ausscheidungsverhalten

Katzenhalter sollten die Ausscheidungen ihrer Katze kontrollieren, um sicher zu sein, dass sie gesund ist. Das ist leichter gesagt als getan, denn Katzen, die ins Freie können, erledigen dort ihre Geschäfte, weil sie dabei ungestört sein wollen. Doch es obliegt Ihrer Verantwortung, dafür zu sorgen, dass Verstopfung, Durchfall oder Harnwegsinfektionen erkannt und behandelt werden.

Katzen sind empfindlich

Katzen kennen keine Scham, aber wie Menschen erledigen sie ihre kleinen und großen Geschäfte gern unbeobachtet, jedoch in angenehmer, hygienischer Umgebung. Ein Katzenhalter, der dieses Bedürfnis nicht respektiert, trägt damit einen wichtigen Faktor zum möglichen Fehlverhalten der Katze bei. Viele Halter suchen professionellen Rat, weil die Katze die Wohnung verschmutzt. Bietet das Katzenklo keine Ungestörtheit, ist es unsauber oder riecht es unangenehm, wird die Katze es meiden.

Hat die Katze die Wahl, wird sie Kot und Urin nicht im Kernbereich ihres Reviers absetzen, wo sie zu fressen, zu schlafen und zu spielen pflegt (siehe Seite 48). Am schlimmsten ist es für sie, wenn sie sich in der Nähe ihres Fressplatzes erleichtern soll. Vom hygienischen Standpunkt aus ist das sehr vernünftig, denn wer will seinen Aufenthaltsraum, zumal den Raum, wo er isst, schon mit potenziellen Krankheitserregern verseuchen. Auch die meisten Menschen würden nicht in der Toilette essen wollen. Von unseren Katzen zu verlangen, sich weniger empfindlich zu zeigen als wir selbst, ist eine ungerechte Überforderung. Ein Katzenklo am Rand des Reviers wird meist akzeptiert. Ist die Katze mit einer Stelle zufrieden, kehrt sie auch dorthin zurück.

Standards beibehalten

Wenn Sie Ihre Katze beobachten, werden Sie feststellen, dass sie einen passenden Fleck sucht und nicht ohne Umstand ein Loch gräbt – das eventuell mehrfach verändert wird – ehe sie sich hinhockt, um zu urinieren oder Kot abzusetzen, und zwar unabhängig davon, ob sie sich draußen oder im Katzenklo erleichtert. Die Ausscheidungen werden dann sorgfältig bedeckt, denn der hinterlassene Geruch soll möglichst gründlich kaschiert werden, vor allem der von Kot. Deshalb auch sucht die Katze hierfür nach einem besonders abgelegenen Platz.

DIE BEDINGUNGEN MÜSSEN STIMMEN

Was für eine Katze als Privatsphäre gilt, hängt sehr von ihrem Lebensstil ab. Hat sie die ungehinderte Möglichkeit, ins Freie zu kommen, wird sie sich einen bestimmten Busch im Garten suchen, dessen Blattwerk sie gut genug vor neugierigen Blicken anderer Katzen, vor laut spielenden Kindern oder zufällig Vorbeikommenden schützt. Denn sie muss sich unbeobachtet fühlen und braucht Ruhe, um ungestört ihr Geschäft verrichten zu können.

Links: *Draußen bevorzugen Katzen überwachsene, buschbestandene Orte, um ihr Geschäft zu verrichten.*

Ganz links: *Eine Katze nimmt sich Zeit, ein Loch zu graben, das ihren hohen Ansprüchen an eine Katzen-toilette genügt.*

Beim Koten fühlen sich Katzen besonders verwundbar, denn der ganze Prozess erfordert ablenkende Konzentration und Zeit. Werden sie gestört, gar regelmäßig, oder von Menschen oder anderen Katzen beobachtet, wirkt sich das sehr negativ aus. Kater und Katzen verhalten sich diesbezüglich gleich. Weder bei sehr schlechtem Wetter noch wenn andere Katzen aus der Umgebung sie bedrohen, gehen sie nach draußen. Es ist also ratsam auch für Katzen, die normalerweise nach draußen gehen, drinnen an einem geeigneten Ort ein „Notklo" aufzustellen (siehe Seite 64–65).

Die Frage, wo das Katzenklo steht, ist wichtig. Viele Probleme entwickeln sich nur deshalb, weil die dafür gewählte Stelle zu unruhig ist, um das Bedürfnis der Katze nach völliger Ungestörtheit zu befriedigen.

Für die richtige Umgebung sorgen

Bei ihrem Ausscheidungsverhalten geht es Katzen nicht nur um das Wo, Wann und Wie. Auch das Material, in das sie vorher ihr Loch graben, ist ein wichtiger Aspekt, der erst jüngst genauer erforscht wurde. Man hat erkannt, dass Katzen zögern sich zu entleeren, wenn das Substrat nicht stimmt. Dieses Verzögern kann zu unterschiedlichen Gesundheitsproblemen führen, aber auch Verhaltensstörungen auslösen.

UNSERE VERANTWORTUNG

Es ist sinnvoll, dass Katzen in ihrer natürlichen Umgebung ihre Ausscheidungen gut bedecken. Es vermindert die Gefahr der Verseuchung ihrer Umgebung und der Übertragung von Parasiten und es verhindert, dass andere Tiere auf sie aufmerksam werden. Dass Hauskatzen diesen »Sauberkeitsfimmel« beibehalten, ist vielen Katzenbesitzern durchaus angenehm.

Es liegt an uns, der Katze die richtigen Voraussetzungen zu bieten, die ihr ermöglichen, alles auszuführen, was ihren Bedürfnissen entspricht. Versäumnisse in dieser Beziehung führen zu:

- Falschem Lernen der Jungkatzen
- Der Verschmutzung des Hauses, weil Jung- wie Altkatzen sich an ungeeigneter Stelle erleichtern
- Dem abnormen Verlangen mancher Katzen, sich auf ungeeigneten Unterlagen, etwa Teppichen, Betten, Zeitungen oder Zeitschriften zu entleeren
- Unnötigem Stress für die Katze, was wiederum zu gesundheitlichen Problemen oder Fehlverhalten führen kann

LEHREN AUS DER WILDNIS

Zum Glück können wir das »natürliche« Katzenverhalten beobachten und daraus lernen, was unseren Hauskatzen angenehm wäre.

So wissen wir, dass Katzen wählerisch sind, was das Substrat angeht, das heißt, die Erde, den Sand, den Torf oder die Streu, mit der sie ihre Hinterlassenschaften bedecken.

Ihre in Wüstengebieten lebenden Vorfahren hatten dafür Sand zur Verfügung. Es sollte also nicht verwundern, wenn

PROBLEM KATZENSTREU

Es kann zu Problemen kommen, wenn die Streu, die Sie Ihrer Katze bieten:

- Für die Nase der Katze (nicht die Ihre) unangenehm riecht
- Wenn sie parfümiert ist, was Ihnen gefallen mag, Katzen aber abschreckt
- Zu schwer ist und sich für die Katzenpfoten, die darin graben, unangenehm anfühlt. Katzenstreu aus Hobelspänen kann scharfe Splitter enthalten oder Harze, die, wenn sie nass werden die Pfoten der Katze reizen.

jüngste Forschungen bestätigen, dass Katzen leichte, trockene, körnige Substrate bevorzugen, die angenehm mit den Pfoten aufzuwühlen sind. Denn das sind dieselben Pfoten, mit denen Katzen ihre Nahrung daraufhin untersuchen, ob sie noch lebt. Substrate, die sich unangenehm anfühlen, weil sie zu kalt, zu feucht oder bereits mit Exkrementen versetzt sind, mag eine Katze nicht berühren. Besonders beleidigend finden es Katzen, wenn sie ein »Gemeinschaftsklo« benutzen sollen, wo eine allgemeine, nicht nur eine individuelle Ansteckungsgefahr herrscht.

WAHL DES SUBSTRATS

Obwohl jede Katze ein Individuum ist, kann man doch sagen, dass alle ein Substrat bevorzugen, das leicht und körnig ist und in der Verwendung klumpig und lehmähnlich wird. Eine Katze, die eine Streu vorfindet, die ihr angenehm ist, neigt weniger dazu, unangemessene Verhaltensweisen zu entwickeln. Die Zahl der angebotenen Arten von Katzenstreu hat deutlich zugenommen. Manche Sorten, obwohl reine Kunstprodukte, bieten die bevorzugten Eigenschaften, denn sie sind leicht und granulös und die benutzten Stellen klumpen zusammen. Außerdem absorbieren sie Gerüche – Eigenschaften des Sandes, an den die Vorfahren der Hauskatze gewöhnt waren. Obwohl sie sich sehr vom Sand unterscheiden, den die meisten Katzen bevorzugen, sind diese Kunstprodukte für den Halter angenehmer und für die Katze akzeptabel.

Oben: *Es überrascht nicht, dass die von Katzen bevorzugte Streu dem Sand ähnelt, den die Vorfahren in der Wildnis vorfanden.*

Links: *Junge Katzen lernen rasch, sich an ein Katzenklo zu gewöhnen, mit dessen Streu sie ihre Exkremente ihrem Instinkt gemäß problemlos bedecken können.*

Verhaltenstraining

Auch wenn Sie mit noch so viel Sorgfalt das beste Substrat für Ihre Katze wählen, kann es sein, dass sie bevorzugt, was sie in den ersten Lebenswochen kennen lernte, in der Zeit, in der die Jungkatze ihr Verhalten prägte. Fragen Sie den Züchter oder Vorbesitzer, woran die Katze gewöhnt ist, damit sie ihr – zumindest anfangs – das gewohnte Substrat bieten können.

Langsamer Wechsel

Halten Sie das Substrat, an das Ihre Katze gewöhnt ist, aus irgendeinem Grund für ungeeignet, sollten Sie sie sehr langsam und einfühlsam umgewöhnen. Es kann sich als ein schwieriger und langwieriger Prozess erweisen.

Bei einem abrupten Wechsel des Substrats könnte es nur zu leicht zu großen Problemen kommen, schlimmstenfalls wird die Katze anfangen, das Haus zu verschmutzen. Sehr viel besser ist es, der Katze eine Auswahl zu bieten und zu sehen, was ihr am annehmbarsten scheint und dann zu diesem Substrat überzugehen.

Tiefe der Streu ist wichtig

Die Art des Substrats ist ebenso wichtig, wie dafür zu sorgen, dass das Katzenklo regelmäßig gereinigt und frisch mit Streu gefüllt wird.

Bei Versuchen bot man Katzen völlig identische Klos mit derselben Streu, lediglich die Tiefe der Streu unterschied sich. Es bestätigte sich, was zu erwarten war: Katzen wollen ihre Exkremente wirklich gut verbuddeln. Jeder, der schon einmal beobachtet hat, wie verzweifelt eine Katze ist, wenn sie nicht genügend Material findet, um ihre Hinterlassenschaft zu bedecken, wird vom Ergebnis der Versuche nicht überrascht sein: Das beste Substrat befriedigt die Katze nicht, wenn die Menge nicht reicht. Die Aufregung ist weniger groß, wenn es nur um das Verbergen des Urins geht. Aber auch das lässt sich nachvollziehen, wenn wir bedenken, welchem Zweck es aus der Sicht der Katze dient: Exkremente sind sehr viel gefährlichere Ansteckungsquellen als Urin.

Nach draußen gehen reicht nicht

Man könnte meinen, Besitzer von Katzen, die ungehindert ins Freie können, brauchten sich um deren Präferenzen, was das Katzenklo anlangt, keine Gedanken zu machen. Diese Annahme ist falsch, denn das Problem kann für Freigänger so akut sein wie für Wohnungskatzen. Ja, es kann noch schlimmer sein, denn viele Reihenhäuser am Rande der Städte haben kaum einen nennenswerten Garten, höchstens mit Platten gekachelte Terrassen und ein wenig zusätzlichen Rasen. Die Freude der Bewohner an gekachelten Terrassen mit Blumenkübeln und Rasen mit Sprinkleranlagen bringt die Katzen um die Latrinenplätze, die es einst in jedem großen Garten gab.

Auch wenn die Katze also freien Zugang nach draußen hat, muss man schauen, welche Möglichkeiten ihr dort zur Verfügung stehen und ob sie ihren Bedürfnissen genügen. Sorgen Sie, falls nötig, für eine Verbesserung der Möglichkeiten. Sind Sie sich nicht sicher, bieten Sie ihr eine Reihe von Auswahlmöglichkeiten und sehen Sie, wofür Ihre Katze sich entscheidet. Stellen Sie der Katze nicht zur Verfügung,

was sie diesbezüglich braucht, bereiten sie zunächst ihr, letztlich aber sich selbst eine Menge Probleme. Am besten, Sie gestalten Ihren Garten etwas katzengerechter um: Lassen Sie eine Ecke leicht verwildern, mähen Sie das Gras dort nicht, und pflanzen Sie robuste Sträucher mit überhängenden Zweigen, um Verstecke zu bilden.

KATZENKLO IM FREIEN

Immer mehr Katzenhalter legen im Garten Latrinen für ihre Katzen an oder sie graben Areale in den Blumenbeeten um, die die Katze aufsuchen kann. Hat auch Ihre Katze diese Möglichkeit, müssen Sie die Exkremente entsorgen. Auch empfiehlt es sich, an diesen Stellen viel Sand unter die Erde zu mischen und für guten Abfluss zu sorgen. Ihre Katze wird glücklich sein.

Oben: *Halter, die ihren Katzen drinnen oder draußen keine Möglichkeiten schaffen, wo sie sich ungestört entleeren können, zahlen oft einen hohen Preis, wenn dann die Wohnung verschmutzt wird.*

Links: *Ein extra angelegtes Katzenklo im Garten kann eine gute Lösung sein, wenn der Gartenraum ansonsten von einer Terrasse, Blumenkübeln und Ähnlichem beansprucht ist.*

Ruhende Katzen

Nach den anstrengenden Alltagsverrichtungen gönnen sich Katzen gern einen Moment der Ruhe. Oder vielmehr, wie die meisten Katzenhalter wohl mit einem Anflug von Neid sagen würden, verbringen Katzen ihren Tag mit Nichtstun, das nur von gelegentlichen Ausbrüchen hektischen Treibens unterbrochen wird.

Links: *Mit eingeschlagenen Pfoten und fast geschlossenen Augen genießt diese Katze ein kurzes Nickerchen, nimmt aber noch immer alle Geräusche wahr, die auf Gefahr oder eine eventuelle Beute hindeuten.*

Rechts: *Entspannt zusammengerollt liegt die Katze im wärmenden Sonnenschein und spart Energie, indem sie tief und fest schläft.*

Ruhen und schlafen

Wegen ihrer eiweißreichen, hochkalorischen Ernährung kann sich die Katze den Luxus erlauben, den größten Teil des Tages zu verdösen – die meisten Hauskatzen verbringen 16 Stunden täglich mit Nichtstun. Doch wäre es falsch zu meinen, dass in diesen Ruhezeiten nichts geschieht. Sie dienen der Katze vielmehr dazu, Energie zu sparen, denn müsste sie sich wie die Vorfahren in der Wildnis von selbst erjagter Beute ernähren, würde sie bei dieser anstrengenden Tätigkeit sehr viel Energie verbrauchen. Auch ein sicherer, warmer Ruheplatz hilft Energie zu sparen, denn ist es von außen warm, muss weniger innere Wärme produziert werden. Viele Katzen halten ihr Schläfchen gern in offenen Garderobenschränken, nahe der Heizung, am Kamin oder unter einem Federbett. Katzen, die ins Freie können, schlafen mit Vorliebe in einem sonnigen Eckchen oder dösen an einem heißen Nachmittag im Schatten.

Da die wilden Vorfahren aktiv waren, wenn auch ihre Beutetiere sich regten, sind auch Hauskatzen oft dämmerungsaktiv. Viele schlafen jedoch nachts deutlich mehr als ihre wilden Verwandten. Die Stunden der Abend- und Morgendämmerung bleiben aber die beliebtesten für alle Arten von Katzenaktivität, auch wenn viele Halter gerade in dieser Zeit lieber ihre eigenen Batterien neu aufladen würden, statt mit der Katze zu spielen. Manche geben daher den Rat, Katzen

niemals ins Schlafzimmer zu lassen. Doch sollte hier jeder selbst entscheiden. Vielen Katzenfreunden macht es nichts, sehr früh geweckt zu werden, wenn sie dafür eine wärmende Katze am Fußende des Bettes liegen haben.

Mach's dir bequem

Nachdem sie den richtigen Platz gefunden haben – Katzen sind Meister darin –, nehmen sie zum Ausruhen meist eine typische Haltung ein. Bei der so genannten sternalen Ruhelage liegen sie auf das Brustbein (Sternum) gestützt auf dem Bauch und halten die Pfoten nach innen gezogen. Beim Schlafen liegen sie eingerollt oder gestreckt, aber völlig entspannt auf der Seite.

Phasen des Katzenschlafs

Wie beim Menschen unterscheidet man auch bei Katzen zwei verschiedene Phasen des Schlafs: den leichten SW-(Slow-Wave-)Schlaf, der traumlos ist, und den tiefen REM-(Rapid-Eye-Movement-)Schlaf, der sich durch rasche Augenbewegungen auszeichnet und bei dem man träumt.

Der leichte SW-Schlaf

Von den 16 Stunden, die die Katze schlafend zubringt, ist sie neun bis zwölf Stunden in der SWS-Phase. Während dieses leichten Schlafs ist sie aufnahmefähig, sie hört so gut wie in der Wachzeit und ist im Falle einer Gefahr augenblicklich hellwach. Die Charakteristiken dieser Schlafphase sind:

- Verlangsamte Atmung und Herztätigkeit
- Niedriger Blutdruck
- Zusammengezogene Pupillen
- Skelettmuskeln in Ruhestellung

Außerdem ist die Nickhaut des Auges (eine Art drittes Lid im inneren Augenwinkel) über den Augapfel gezogen. Wird die Katze plötzlich aufgeschreckt, kann sie sekundenlang durch die weißliche Haut über dem Auge wie blind wirken. Für neue, unerfahrene Besitzer kann das erschreckend sein, wenn sie nicht wissen, dass die Katze eine solche Nickhaut hat.

Der REM-Schlaf

Menschen träumen während der REM-Phase. Obwohl es die Tiefschlafphase ist, gehört zu ihren Charakteristiken neben den schnellen Augenbewegungen, nach denen die Phase benannt ist, eine veränderte Kurve der Hirnstromwellen; sie ähnelt der des Wachzustands. Die Atmung geht ungehindert weiter, die Muskulatur des Körpers ist jedoch vollkommen entspannt.

Natürlich ist es unmöglich, mit Sicherheit zu behaupten, dass auch Katzen in dieser Schlafphase träumen, selbst wenn das Muster der Hirnstromwellen und die Augenbewegung es vermuten lassen. Das während dieser Phase zu beobachtende Verhalten berechtigt aber zu dem Schluss, dass sie Informationen verarbeiten und Erlebnisse der Wachzeit erneut durchleben.

Charakteristiken des REM-Schlafs

REM- und SW-Schlaf wechseln einander ab; etwa 30 Prozent der gesamten Schlafzeit verbringt die Katze im REM-Schlaf, für den Folgendes typisch ist:

- Erstes Auftreten 10–30 Minuten nach dem Einschlafen
- Sehr rasche Augenbewegungen
- Die Ohren bewegen sich
- Pfoten und Krallen bewegen sich rhythmisch
- Die Schurrhaare zucken unregelmäßig
- Unregelmäßige Atmung
- Schwanz kann zucken
- Zunge kann sichtbar werden
- Erweiterte Pupillen

Wird die vielleicht auf Ihrem Schoß schlafende Katze in dieser Phase geweckt, kann sie desorientiert sein und sich mit den Krallen an Ihnen festklammern, ehe sie wegspringt und sich sammelt. Das ist normal, doch bei Ihnen können deutliche Kratzspuren zurückbleiben.

Schlafmangel

Wie wir Menschen reagieren auch Katzen negativ auf anhaltenden Schlafmangel. Daran sollten Sie denken, wenn Sie viel Besuch bekommen, der die Katze süß findet, mit ihr spielen und herumtoben will, während die Katze eigentlich ruhen möchte. Die Menge an Schlaf, die eine Katze braucht, nimmt mit zunehmendem Alter etwas ab. Ältere Katzen zeigen oft ein zerrissenes Schlafmuster mit deutlich verringerten REM-Phasen.

Aufwachritual

Ehe die Katze ganz aufwacht, verbringt sie meist eine Zeit im leichten SW-Schlaf. Danach streckt sie sich ausgiebig und kratzt auch gern an Gegenständen ihrer unmittelbaren Umgebung, etwa am Teppich oder an Möbeln.

Putzen und Fellpflege

Gewiss haben Sie schon beobachtet, dass Ihre Katze einen guten Teil ihrer Wachzeit der Körperpflege widmet. Ihrer großen Gelenkigkeit ist es zu danken, dass sie nahezu alle Regionen ihres Körpers mit der Zunge erreichen kann. Diese Zunge ist rau und mit kleinen Widerhäkchen (Papillen) besetzt, so dass sie fast wie ein Kamm wirkt. Nicht nur lose Haare bleiben an ihr hängen, auch Hautschuppen und Parasiten.

Bei großer Hitze kühlt sich die Katze durch das Putzen, denn der auf dem Fell verteilte Speichel verdunstet, was für Kühlung sorgt. Das ist nützlich und wichtig, weil Katzen nur an den Pfoten Schweißdrüsen haben. Der einzige Hinweis, dass Ihre Katze schwitzt, wird nur dann sichtbar, wenn sie beispielsweise auf dem Behandlungstisch des Tierarztes feuchte Pfotenabdrücke hinterlässt.

Links: *Katzen strecken sich nach dem Schlafen ausgiebig, um Muskeln und Gelenke auf neue Aktivität vorzubereiten und um zu verhindern, dass abrupte Bewegungen zu Verletzungen führen.*

Rechts: *Nach dem Aufwachen putzen sich Katzen meist. Das ist nicht nur notwendig, es beruhigt sie auch.*

Körpersprache der Katze

Katzen setzen Körpersprache und Mimik ein, um zu vermitteln, was sie empfinden. Mit Hilfe der sehr beweglichen Ohren, der Schurrhaare und des Schwanzes können Katzen sichtbare Zeichen geben, die auch uns helfen, besser zu verstehen, wie sich die Katze fühlt. Allerdings zählt nur die Summe der versendeten Zeichen, ein für sich betrachteter Einzelaspekt kann irreführend sein.

KÖRPERHALTUNG

- Lockerer, zwangloser Gang: entspannte, sichere Katze.
- Langsame, vorsichtige Bewegungen, angespannte Muskeln: Katze ist aufmerksam.
- Geduckte Haltung, gestreckter Rücken, unter den Körper gezogener Schwanz: ängstliche Katze.
- Aufgestellte Haare am ganzen Körper, »Katzenbuckel«, Ohren flach und nach hinten zeigend: Katze ist erschrocken, hat Angst.
- Ist Rückzug unmöglich, rollt sich die Katze auf den Rücken, um sich mit Zähnen und Krallen zu verteidigen.
- Rumpf auf vier steifen Beinen hochgereckt, nach hinten ausgestellter Schwanz, Ohren nach vorn gerichtet: Katze will einschüchternd wirken. Starren durch verengte Pupillen, Schnurrhaare steif nach vorn gestellt: Angriff steht bevor.
- Auf Rücken oder Seite gerollt mit eingeknickten Pfoten, Gliedmaßen und Schwanz locker: entspannte, zufriedene Katze.

OHRSTELLUNG

- Aufgestellt nach vorn gerichtet: aufmerksam, doch nicht beunruhigt.
- Steif und leicht gesenkt: ängstlich.
- Bedrohte Katzen schützen die Ohren. Flach an den Kopf gelegt: gänzlich defensive Haltung.
- Leicht nach hinten gedreht, zum Hinterkopf abgeflacht: selbstbewusste Katze, die vielleicht angreift.

KATZENAUGEN

Licht, aber auch Emotionen verändern die Augen der Katzen.

- Schmale Augen und verengte Pupillen: helles Licht; selbstbewusst-aggressive Absicht.
- Entspanntes Gesicht, normal geöffnete Augen, verengte Pupillen: interessierte, selbstsichere Katze.
- Leicht verengte Augen und geweitete Pupillen: erwartungsvolle Wachsamkeit.
- Weit geöffnete Augen und weite Pupillen: schwaches Licht; interessierte Beobachtung oder im Spiel oder aus Angst erregt.
- Locker halb geschlossene Augen: entspannte, schläfrige Katze.

SCHNURRHAARE

Die Schurrhaare sind sehr beweglich und zeigen Gefühlslagen an:

- Zur Seite gerichtet, nach unten zeigend: aufmerksame, sich sicher fühlende Katze.
- Steif nach vorn gerichtet: beim Spiel, bei der Jagd, zur Einschüchterung.
- Leicht nach unten gerichtet: Entspannung.

- Zum Schutz zurückgezogen: ängstlich wegen Bedrohung.

SCHWANZSIGNALE
Die Schwanzspitze bewegt sich unabhängig vom restlichen Schwanz. Ein leicht wedelnder Schwanz bedeutet, anders als beim Hund, »Abstand halten«.

- Waagrecht oder halb gesenkt: normale Position.
- Aufgerichtet, oftmals Spitze abgeknickt: Begrüßungssignal für Menschen und andere Katzen. Meist gefolgt von Duftmarken setzen.
- Im Bogen über den Körper gehalten: Nähe zu anderen Katzen, etwa Jungtieren, erwünscht oder erlaubt.
- Rhythmische seitliche Bewegung, besonders der Spitze: Erregung oder Unruhe; positiv wenn die Katze spielt, negativ wenn als Reaktion auf Bedrohung.
- Abgespreiztes Schwanzhaar (»Flaschenbürste«) und nach unten offener Bogen: Schreck, aggressive Abwehrhaltung.
- Gerade nach hinten gestreckt, angespannte Körperhaltung, fixierender Blick: selbstbewusste Katze, die gleich angreift.
- Hängend oder lose seitlich an den Körper geschmiegt bei entspannter Körperhaltung: Katze signalisiert »alles in Ordnung, ich ruhe mich aus«.

Rechts: *Mit hochgestelltem Schwanz kommen Katzen auf Artgenossen oder Menschen zu, die sie begrüßen.*

Links: *Geduckte Körperhaltung, die Ohren angelegt, die Schurrhaare nach vorn gerichtet, die Augen ein wenig verengt, die Pupillen geweitet – diese Katze fühlt sich bedroht und könnte angreifen.*

VERANLAGUNG UND PERSÖNLICHKEIT

Die Verhaltensmuster, die den Vorfahren unserer Hauskatzen zu überleben halfen, sind tief ins Erbgut eingeprägt und zeigen sich auch bei den Hauskatzen. Einige Züge haben sich im Laufe der Domestizierung durch die große Nähe zum Menschen und anderen Katzen und die leichteren Lebensbedingungen verändert. Doch wieso, wenn sich doch alle Katzen grundsätzlich gleich sind, verhalten sie sich dann so unterschiedlich? Viele Faktoren spielen eine Rolle, nicht nur beim Aussehen unserer Hauskatzen, auch bei der Art, wie sich die individuellen Tiere verhalten. Während die Grundmuster durch das genetische Erbe bestimmt sind, wird das, was man den Charakter oder die Persönlichkeit der Katze nennen könnte, entscheidend durch die Art, wie sie aufwuchs, und die Erfahrungen, die sie machte, bestimmt.

Das Erbgut ist der Schlüssel

Unsere Katzen tragen eine Reihe ererbter Züge in sich, die nicht nur ihr Aussehen bestimmen, sondern auch das, was sie tun, wie sie die Welt wahrnehmen und auf neue, aufregende und auch ängstigende Dinge reagieren. Die Gene diktieren die Grundzüge des Verhaltens, doch sie sind nicht alleine ausschlaggebend.

Das genetische Erbe ist nicht alles

Eine Reihe von Einflüssen prägt den individuellen Charakter unserer Hauskatzen. Dabei kann der Effekt eines Einflusses den der anderen verändern oder auch verstärken.

Es geht hier um die oft und heiß diskutierte Frage, was entscheidender sei, die natürliche Anlage oder die Art der Aufzucht. Ein Teil der Verhaltensweisen, die unsere Katzen an den Tag legen, sind von den fernen Vorfahren ererbt. Dazu kommt, was jedes Kätzchen von seinen Eltern als Erbgut mitbekommen hat. Hier können manche Züge dominant ausgeprägt sein, andere können latent bleiben. Beobachtet man einen ganzen Wurf, kann man an den Kätzchen durchaus typisch familiäre Züge entdecken. Behält man eines der Kätzchen des Wurfs zusammen mit der Mutter, so kann es sein, dass die erwachsen gewordene Katze der Mutter zum Verwechseln ähnlich wird – oder sich deutlich von ihr unterscheidet.

Links: *Bei heranwachsenden Kätzchen ist es immer interessant zu beobachten, wie viel an ihrem Verhalten ererbt und wie viel den gemachten Erfahrungen zuzuschreiben ist.*

Rechts: *Ein scheues Kätzchen kann seine übertriebene Vorsicht von einem der Elternteile geerbt haben.*

Selbst zwei Geschwister, so ähnlich sie sich äußerlich sein mögen – manche sind so leicht zu verwechseln wie menschliche eineiige Zwillinge –, müssen sich, auch wenn sie zusammen aufwachsen, nicht unbedingt gleichartig verhalten. Tatsächlich ist es ebenso schwierig, das zukünftige Wesen der Katze vorauszusagen wie das Wetter von nächster Woche.

Wenn Sie zwei Jungkatzen aus einem Wurf erworben haben, können Sie das selbst beobachten; oft dauert es eine gute Weile, ehe sich die typischen Charakterzüge zeigen. Kommen sie dann zum Vorschein, können sie gleichgeartet oder völlig unterschiedlich sein.

Wie der Vater, so der Sohn

Die Forschung interessiert sich sehr dafür, welche elterlichen Eigenschaften sich bei den Jungkatzen als ererbt zeigen. Da sich Kater an der Aufzucht der Jungen nicht beteiligen, liegt es auf der Hand, dass man nach Persönlichkeitsmerkmalen der Kater schaut, denn die Mütter könnten bei der Aufzucht bestimmte Merkmale anerziehen. Mutiges Draufgängertum galt bei diesen »Vererbungsstudien« als ein besonders herausragendes Merkmal, denn es lässt sich relativ gut quantifizieren und leichter beobachten als andere, verstecktere Charakterzüge. Man hat festgestellt, dass die Anlagen des Vaters sich tatsächlich auf die Jungen übertragen, was lange bezweifelt wurde.

Erben ist nicht immer gut

Der Kater kann seinen Kindern Selbstbewusstsein und Mut vererben, genauso leicht aber auch die eigene Anlage zur Schüchternheit und Ängstlichkeit. Das ist insofern wichtig, als ängstliche Tiere oft an chronischem Stress leiden, was sich auf ihr emotionales Gleichgewicht und ihr gesamtes Wohlbefinden auswirkt. Solche Katzen sind für den Halter problematische Haustiere, denn aus Angst sind sie leicht aggressiv, was den Umgang mit ihnen riskant macht. Deshalb wählen Züchter beide Eltern sorgfältig aus, ehe sie die Katzen zur Paarung zusammenkommen lassen.

Wer eine Katze erwerben möchte, sollte sich genau kundig machen, woher sie stammt. Falsche oder übertriebene Erwartungen sind dem Tier gegenüber unfair und können zu Problemen für die Katze und den Halter führen. Oft entwickeln die Tiere unerwünschtes Fehlverhalten, weil sie aus einem Umfeld stammen, das sie auf ein Dasein als Haustier nicht vorbereitet hat. Die besten Absichten mögen dahinter stehen, doch es geht selten gut, wenn man eine verwilderte Katze, die bereits mehr als ein paar Wochen alt ist, als Haustier zu sich nimmt.

Sollten Sie sich im Unklaren sein, woher Sie eine Katze bekommen sollen, lesen Sie das nächste Kapitel. Es zahlt sich aus, sich bei der Entscheidung Zeit zu lassen, um die Katze zu finden, die zu dem Umfeld passt, das Sie zu bieten haben.

Jede Katze ist einzigartig

Außer dem genetischen Erbgut, das jede Katze von ihren Vorfahren und den Eltern mitbekommen hat, entwickelt jedes Tier eine ganz individuelle Persönlichkeit. Verschiedene Aspekte spielen hierbei eine Rolle; das erklärt, warum Kätzchen desselben Wurfs, die völlig gleich aufwachsen, sich doch unterschiedlich verhalten.

Links: *Perser sind tolerante Persönlichkeiten, die auch mit kleinen Kindern gut auskommen.*

Ganz links: *Auch bei Rassekatzen kann man schwer vorhersagen, welche Persönlichkeit sie als Erwachsene entwickeln werden.*

Anerkennung der Persönlichkeit

Manche Forscher möchten Tieren ungern eine »Persönlichkeit« zuerkennen, sie halten es für einen Anthropomorphismus (Vermenschlichung), wenn behauptet wird, Tiere hätten menschliche Züge. Sie sprechen deshalb lieber von katzentypischer Individualität. Doch unter den Katzenhaltern setzt sich mehr und mehr die Ansicht durch, dass man zu Recht behaupten kann, Katzen hätten Persönlichkeit.

Rasse und Persönlichkeit

Ob wir nun von Persönlichkeit oder katzentypischer Individualität sprechen, alle Katzenfreunde werden darin übereinstimmen, dass ihre Tiere charakteristische Züge haben. Man sagt aber auch gezüchteten Stammbaumkatzen nach, dass sie bestimmte für ihre Rasse typische Eigenarten haben. Das leuchtet ein, denn Rassekatzen werden immer nur mit Vertretern ihrer jeweiligen Rasse verkreuzt, ihr Genpool ist folglich kleiner als der von Mischlingen oder rasselosen Katzen. Dass bestimmte Rassen zu typischen Verhaltensweisen neigen, sollte man vor dem Kauf einer Katze unbedingt beachten.

Oft werden Katzen einer bestimmten Rasse gewählt, weil ihr Aussehen fasziniert oder die Rasse gerade in Mode ist. Dabei wird kaum beachtet, welcher typische Charakterzug bei Tieren dieser Art vorherrscht. Unrealistische Erwartungen, dass sich das Tier »schon eingewöhnen wird«, können Auslöser großer Probleme sein und sowohl das Wohlbefinden der Katze als auch das des Halters sehr beeinträchtigen.

Orientalische Rassen, wie beispielsweise die Siam, sind intelligent, unternehmungslustig, temperamentvoll und neugierig, verlangen aber auch sehr viel Aufmerksamkeit. Für Berufstätige, die wenig zu Hause sind, wären sie eine schlechte Wahl, denn allein langweilt sich die Siam und macht »Dummheiten«, etwa indem sie Elektrokabel anknabbert. Außerdem ist sie die lauteste, die »geschwätzigste« unter den Katzen und hat eine sehr durchdringende Stimme, was Probleme mit den Nachbarn hervorrufen kann.

Die Russisch Blau gilt hingegen als still und eher schüchtern. Das macht sie zwar zur idealen Wohnungskatze, doch Kinder, die gern mit Katzen schmusen – ob den Katzen das gefällt oder nicht –, können für sie zum Problem werden, denn geknuddelt zu werden mag die scheue Russisch Blau gar nicht. Hier wäre eine duldsamere Perserkatze die bessere Wahl; freilich muss man bedenken, dass diese Langhaarkatzen eine intensive tägliche Fellpflege durch den Menschen brauchen. Jede Katze aber muss in den ersten Lebenswochen an Kinder gewöhnt werden, wenn sie sie später als gute Freunde akzeptieren soll.

Persönlichkeit zählt

Haben Sie eine Stammbaumkatze, werden Sie gewiss gespannt beobachten, inwieweit sie sich ihrer Rasse gemäß verhält. Doch die Erwartung, die manche Menschen diesbezüglich hegen, kann enttäuscht werden: Nicht alle Katzen verhalten sich so, wie es in Büchern über Rassekatzen beschrieben wird, denn der individuelle Charakter wird durch mehr Faktoren als nur die Rassenzugehörigkeit geprägt. Vielleicht aber haben Sie eine so genannte rasselose Hauskatze und können an ihr beobachten, dass Persönlichkeit kein Privileg der Stammbaumkatzen ist.

Wie bei den Menschen gibt es auch bei den Katzen starke Persönlichkeiten und eher zurückgezogene »graue Mäuse«. Mutige, gesellige, im Freien weit streifende Katzen leben neben solchen, die als dezidierte Einzelgänger ihre Ruhe und Unabhängigkeit mögen. Zweifellos ist es für jeden Katzenhalter eine schöne Sache zu beobachten, wie eine erworbene Jungkatze sich entwickelt und im Laufe der Zeit jene Eigenheiten ausbildet, die sie so liebenswert und einmalig machen.

Natur oder Aufzucht

Nicht nur ihr genetisches Erbe und ihre Individualität sind bestimmende Faktoren des Verhaltens Ihrer Katze. Das gesamte Umfeld, das eine Katze als ihren Lebensbereich vorfindet, bestimmt, wie sie sich im Alltag verhält, und beeinflusst letztlich ihren Charakter und ihr Temperament.

Die ersten Wochen zählen

Was in den ersten Lebenswochen einer Katze geschieht, hat einen tief prägenden Einfluss darauf, ob sie mit Artgenossen, anderen Tieren und Menschen Beziehungen knüpfen kann. In dieser Zeit entwickelt sich das Gehirn der Katze, und die Zahl und Art der Erlebnisse und Eindrücke, die sie in dieser Zeit sammeln kann, sind entscheidend für den Rest des Katzenlebens. Alles, was die junge Katze in dieser Zeit sieht und erlebt, formt ihre Reaktionen auf alles Neue, das ihr im späteren Leben begegnen mag.

Solange das Jungtier nicht erschreckt wird, geht es gern auf Erkundung aus. Je mehr Erfahrungen eine Jungkatze mit Menschen, Artgenossen und anderen Tieren, aber auch mit unbelebten Objekten, etwa einem prasselnden Kaminfeuer, einer laufenden Waschmaschine, einem Fernseher, einem Staubsauger – also mit Sinneseindrücken aller Art – sammeln kann, desto leichter wird sie später neue Eindrücke einordnen können. Alle Eindrücke, die einer älteren Katze völlig neu sind, erscheinen ihr als Bedrohung, selbst wenn es sich um harmlose Haushaltsgegenstände oder eine Person eines Geschlechts, einer Altersgruppe, einer ethnischen Zugehörigkeit handelt, die die Katze zuvor nicht kennen gelernt hat. Wer freundlich auf eine Katze zugeht, deren Zuneigung er gewinnen möchte, aber erlebt, dass die Katze darauf mit Panik reagiert, wird sich zurückgewiesen und verletzt fühlen. Hier ist das Verständnis des Menschen gefordert, der begreifen muss, dass der Fluchtreflex der Katze nichts mit dem jeweiligen Menschen zu tun hat. Vielmehr sagt er sehr viel darüber aus, was die Katze in den ersten Lebenswochen erlebt und erfahren hat.

Links: *Wird ein Kätzchen in den ersten Lebenswochen einfühlsam und angemessen auf die Welt vorbereitet, so wird eine ausgeglichene Katze daraus, die ein liebenswertes Haustier abgibt.*

Rechts: *Wird schon früh viel mit der Katze gespielt, so gewöhnt sie sich an die unterschiedlichen Spielzeuge und knüpft enge Bande zum Menschen.*

Die Katze kennen lernen

Je mehr Sie darüber wissen, wie Ihre Katze aufwuchs, desto besser können Sie ihr jetziges Verhalten verstehen und abschätzen, wie sie auf neue, aufregende und potenziell gefährliche Gegenstände und Personen reagieren wird. Informationen darüber helfen Ihnen, Ihrer Katze beizustehen, wenn sie sich mit allen möglichen Stressauslösern auseinandersetzen muss. Und neue Umgebungen und neue Erfahrungen bedeuten für jede Katze erst einmal Stress.

Sie müssen sich nicht scheuen, eine Katze in Ihr Haus zu nehmen, über deren Vorleben Sie nichts wissen, etwa weil sie aus dem Tierheim kommt. Sobald Sie mit der Katze zusammenleben und sie genau beobachten, werden Sie herausfinden, wie sie reagiert. Bald können Sie die Bruchstücke ihrer Geschichte zusammensetzen, ihre Verhaltensweisen erklären, darauf eingehen und nachsichtig damit umgehen.

Leider kann es geschehen, dass eine Katze die bestmöglichen Startbedingungen hatte, aber durch ungünstige Umstände im späteren Leben schlechte Erfahrungen machte, die alles unterminierten, was sie in der Jugend erfuhr und lernte. Wir alle – Züchter, Halter, Forscher oder einfach nur Katzenfreunde – tragen hier Verantwortung und müssen uns bestmöglich um das Wohlergehen unserer Katzen kümmern. Wenn wir uns bemühen, alles über das Leben der Katzen zu lernen, haben wir eine gute Chance, unsere Hauskatzen besser zu verstehen. Wichtig ist:

- Kenntnis des grundsätzlichen Katzenverhaltens
- Kenntnis spezieller rassen- oder familientypischer Züge, die die Katze erbt
- Respekt für die Individualität der Katze
- Beachtung der Erfahrungen, die die Katze in der Jugend und später machte

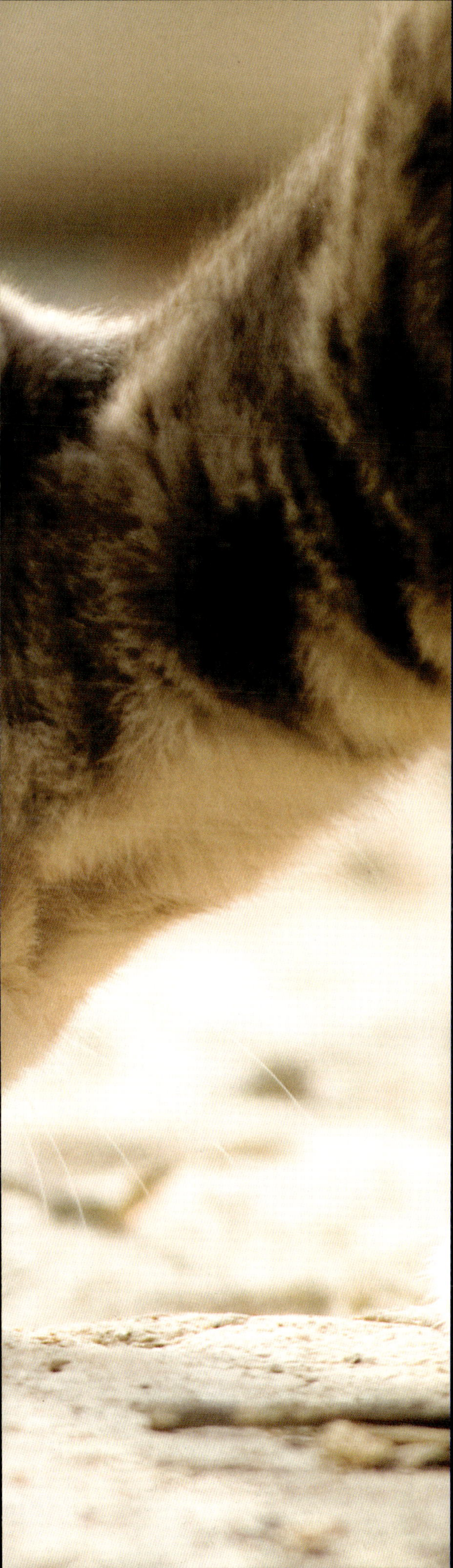

ENTWICKLUNG EINER KATZE

Das Verhalten Ihrer Katze wird vom richtigen Zusammenwirken all ihrer körperlichen Systeme bestimmt. Ihre Sinnesorgane und ihre den ganzen Körper durchziehenden Nerven senden Informationsimpulse an das Gehirn. In diesem wichtigen Organisationszentrum werden die „Ausführungsentscheidungen" getroffen, die bestimmen, wie Ihre Katze in einer gegebenen Situation reagiert. Das Gehirn beeinflusst das Verhalten der Katze, indem es Botschaften über die Nervenbahnen versendet und die Ausschüttung von Hormonen veranlasst. Insofern kontrolliert es alles, was die Katze tut. Eine gute Entwicklung des Gehirns ist folglich Voraussetzung dafür, dass Ihre Katze in der Lage ist, auf alles, was ihr im Leben begegnet, angemessen zu reagieren. Die ersten Lebensmonate sind dabei besonders wichtig.

Entwicklungsstadien

Nahezu alle neugeborenen Tiere müssen sich vor Räubern in Acht nehmen, oder ihre Überlebenschancen sind schlecht. Sehr viele Tiere sind bei der Geburt schon recht gut entwickelt und schnell selbstständig. Andere, darunter auch die Katze, bringen Junge zur Welt, um die sich die Mütter lange kümmern müssen. Entsprechend unterscheidet man zwischen Nesthockern und Nestflüchtern.

Instinkt und erlerntes Verhalten

Ihre Katze handelt weitgehend instinktiv. Vieles aber ist auch durch die Beobachtung der Mutter und der Geschwister erlernt und so Einiges lernt die junge Katze auch durch eigene Erfahrungen. Wer eine trächtige Katze im Haus hat, muss dafür sorgen, dass die Mutter ihren Neugeborenen durch ihr Beispiel so viel wie möglich beibringen kann, damit die Jungen lernen, was gut und was schlecht für sie ist. Doch so fürsorglich die Mutter auch sein mag, es kann sein, dass sie die Jungen nicht zu guten Haustieren erziehen kann. Ist sie selbst ängstlich und empfindet ihre Umgebung als bedrohend, kann sie ihren Kindern kein gutes Vorbild sein.

Züchter und Halter haben also eine große Verantwortung für die Entwicklung ihrer Katzen. Wenn etwas schief läuft, dann meist deshalb, weil wir die Tiere im Stich gelassen haben. Das trifft auf eine einzelne trächtige Hauskatze ebenso zu wie auf die kommerziell gezüchteten Rassekatzen. Nimmt der Mensch seine Aufgabe verantwortungsvoll wahr, sieht er zu, dass nur selbst gut entwickelte und angepasste Katzen sich vermehren und dass die Jungen in einer in jeder Beziehung förderlichen Umgebung aufwachsen, dann werden sie sich zu gesunden, ausgeglichenen und liebenswerten Haustieren entwickeln. Verhält der Mensch sich falsch, wird die Jungkatze das Leben in seiner Nähe bedrohlich finden und sich schlecht entwickeln.

Leider können viele Verhaltssauffälligkeiten, die sich bei erwachsenen Katzen zeigen, auf Fehler und Mängel in ihrer frühen Jugend zurückgeführt werden. Schaut man sich an, wie die so entscheidenden ersten Lebensphasen aussehen, versteht man, warum.

Trächtigkeit und Geburt

Wenn Sie bemerken, dass Ihre Katze trächtig ist, bringen Sie sie zum Tierarzt und lassen Sie einen allgemeinen Gesundheitscheck machen. Die Katze braucht jetzt eine besonders auf ihren Zustand zugeschnittene, ausgewogene Ernährung, damit sich die Jungen gut entwickeln können. Ihr Futter muss mehr Kalorien enthalten, doch Sie müssen auch darauf achten, dass sie lediglich durch die Trächtigkeit zunimmt, aber kein Übergewicht entwickelt.

Natürlich nimmt die Leibesfülle der Katze zu, besonders gegen Ende der Trächtigkeit (nach etwas 65 Tagen). Sie wird ein wenig träger, weil ihr Bauch dicker wird, und ihr Verhalten ändert sich. Manche Katzen werden geselliger, andere ziehen sich mehr zurück. Haben Sie einen Mehrkatzenhaushalt, werden Sie beobachten, dass sich die trächtige Katze in Vorbereitung auf die Geburt der Jungen von den anderen Katzen mehr und mehr absondert.

Je näher die Geburt rückt, desto unruhiger wird die Katze wahrscheinlich werden. Sie macht Sie damit darauf aufmerksam, dass die Geburt unmittelbar bevorsteht. Vielleicht akzeptiert sie die Wurfkiste, die Sie ihr vorsorglich zurecht gemacht haben. Es könnte aber auch sein, dass sie sich einen anderen Ort sucht – der Ihnen gar nicht sehr genehm ist.

Bei den meisten Katzen verlaufen Trächtigkeit und Geburt ohne Komplikationen. Die Jungen des Wurfs kommen in gleichmäßigen Abständen zur Welt, und die Mutter kann sich um alles allein kümmern. Meist zeigt sie dadurch, dass sie etwas trinkt oder frisst und sich zur Ruhe begibt, dass alle Jungen des Wurfs geboren sind. Bemerken Sie aber irgendwann im Verlauf der Trächtigkeit oder der Geburt etwas, was Sie beunruhigt, so rufen Sie umgehend den Tierarzt an und fragen ihn um Rat.

Rechts: *Die Geburt von jungen Katzen ist ein aufregendes Ereignis. Hat eine Katze Junge, muss man darauf achten, dass sie die nötige Fürsorge erhält, ohne in einer Weise beobachtet zu werden, die ihr Stress bereitet.*

Links: *Gegen Ende der Trächtigkeit ist die Katze nicht mehr so agil und sucht die Abgeschiedenheit, um sich auf die Geburt vorzubereiten.*

Die Stufen der Entwicklungsleiter

Die ersten Wochen im Leben einer Jungkatze sind die wichtigsten Stufen der Entwicklungsleiter. Was jetzt geschieht, ist prägend, hat also einen unauslöschlich bleibenden Effekt auf das spätere Leben und Verhalten der Katze.

Oben: *Ein neugeborenes Kätzchen mag hilflos erscheinen, doch bereits jetzt beginnt es zu lernen.*

Rechts: *Die neugierige Erforschung der Umgebung und das Zusammentreffen mit Menschen und Tieren hilft der Jungkatze bei ihrer Sozialisierung.*

Das vorgeburtliche Stadium

Es mag überraschen, doch die jungen Katzen lernen bereits, während sie sich noch in der Gebärmutter der Kätzin befinden. Noch gibt es hier viel zu erforschen, doch weiß man bereits, dass das, was die Kätzin während der Trächtigkeit frisst, Einfluss hat auf die bevorzugten Geschmacksrichtungen der Jungkatzen. Auch nehmen die Ungeborenen Geräusche wahr und sie reagieren, wenn der Bauch der Katze berührt wird.

Die Neugeborenen

Von der Geburt bis zum zehnten Lebenstag befinden sich die Kätzchen im Stadium der Neugeborenen, in dem die Augen geschlossen und die Ohren eingefaltet sind. In dieser Zeit tun sie nichts anderes als schlafen und bei der Mutter trinken. Sie können nichts sehen, spüren und riechen aber die Gegenwart der Mutter und der Geschwister. Die Mutter regt sie zum Trinken an und indem sie die Anusregion beleckt, löst sie den Entleerungsreiz der Kätzchen aus.

Übergangsperiode

Vom zehnten Lebenstag bis zur dritten Woche kommt es zu einer raschen körperlichen Entwicklung. Das Nervensystem bildet sich aus, das Kätzchen kann seine Körpertemperatur regulieren, es beginnt auf seinen Beinen zu balancieren, seine Bewegungen zu koordinieren, gezielt auf Geräusche zu achten und seine Umwelt zu betrachten.

Bedeutung der Sozialisierung

Zwischen der zweiten und siebten Lebenswoche macht das Kätzchen einen rasanten Entwicklungssprung, sowohl was die Körperfunktionen als auch was das Verhalten betrifft. Was die Katze in dieser Zeit erlebte, beeinflusst ihr späteres Verhalten. Man nennt dieses Stadium die Zeit der Sozialisierung und der Gewöhnung. Die Menschen, denen die Katze in dieser Zeit begegnet, die Erfahrungen, die sie macht, schaffen eine Art Schablone. Alles und jedes, das im späteren Leben auf die Katze zukommt, wird dahingehend überprüft, ob es in diese Schablone passt. Hatte die Katze erste angenehme Erfahrungen mit bestimmten Lebewesen oder Gegenständen, so kann sie später ähnlich Geartetes in dieses positive Grundmuster einordnen.

War eine erste Begegnung in der Sozialisierungsphase jedoch mit Schrecken oder Angst verbunden, so wird das ganze Leben hindurch alles, was dieser »Urerfahrung« ähnelt, als bedrohlich wahrgenommen werden. Hat die Katze in dieser Phase beispielsweise nur einen einzigen Menschen erlebt und wenige Erfahrungen gemacht, etwa weil sie in einer abgesonderten Zuchtstation heranwuchs, so wird sie andere Menschen, Tiere und viele Gegenstände als sehr bedrohlich empfinden, selbst wenn diese Menschen ihr später mit größter Zuneigung entgegenkommen. Eine Katze, die in dieser Phase keine Bekanntschaft mit stürmischen Kindern machte oder den Geruch einer männlichen Person nicht kennen lernte, wird in ihnen ein Leben lang außerirdische Monster sehen, denen sie aus dem Weg gehen muss. Ein Mensch, der einer Altersgruppe, einer Rasse, einem Geschlecht angehört, die der Katze in der Sozialisation fremd blieben, bereitet ihr größten Stress. Das muss man wissen, wenn man eine erwachsene Katze, etwa aus einem Tierheim, aufnehmen möchte.

SOZIALISIERUNG UND GEWÖHNUNG

Sozialisierung ist der Prozess, in dem die Katze ihre eigene Identität, ihre Umwelt, die Menschen, Tiere und Gegenstände um sich herum kennen lernt und entdeckt. Gewöhnung ist der Prozess, in dem sie all das Neue vorsichtig weiter erforscht und potenziell Bedrohliches, wie einen Staubsauger und die Waschmaschine, einzuordnen lernt.

Aufzucht einer Jungkatze

Eine gut sozialisierte kleine Katze aufzuziehen, der alles zugute kam, was notwendig war, um ein »bombensicheres« kleines Haustier aus ihr zu machen, das sich in seiner Umwelt wohl fühlt, ist einfacher, als man zunächst denken mag. Man braucht nur ein wenig Vorwissen und einen einfühlsamen Umgang mit dem Jungtier. Allerdings darf man seine liebevolle Zuwendung auch nicht übertreiben, denn das könnte einen gegenteiligen Effekt haben.

Gute Sozialisierung

Um zu garantieren, dass ihre Kätzchen sich zu gut angepassten Haustieren entwickeln, könnte eine alleinstehende Halterin Freunde und Nachbarn bitten, zu Besuch zu kommen. Wenn die Jungtiere Gelegenheit hatten, unterschiedlichste, ihnen wohl gesonnene Menschen kennen zu lernen, dürften sie als erwachsene Katzen weder vor Kindern noch vor Männern oder Menschen in unterschiedlichsten Erscheinungsformen ängstlich zurückschrecken.

Drei Bereiche sollte das Sozialisierungsprogramm der jungen Kätzchen unbedingt abdecken:
Erstens sollten sie ab dem Alter von zwei Wochen daran gewöhnt werden, dass sie von einem Menschen vorsichtig berührt, hochgehoben und von gefährlichen Gegenständen abgelenkt werden. Zu diesen Menschen sollten gehören:

- Angehörige beiderlei Geschlechts und aller Altersgruppen. Zunächst Menschen, die die Katzenmutter kennt und mag, etwa die Halterin selbst und ihre engsten Freunde. Kleinkinder sollten erst zuletzt hinzukommen.
- Menschen unterschiedlicher Erscheinung, mit hoher und tiefer Stimme, Männer mit Bärten, Brillen- und Uniformträger.
- Menschen unterschiedlicher ethnischer Herkunft.
- Wenigstens vier verschiedene Menschen sollten sich täglich 15–40 Minuten lang mit dem Kätzchen befassen. Diese Kontakte können entscheidend wichtig sein.

Ist die Katzenmutter mutig und gesellig und ein gutes Rollenvorbild für die Jungen, können diese Kontakte in ihrer Gegenwart stattfinden. Empfehlenswert ist es auch, dass ein Jungtier in Gegenwart seiner Geschwister von einem Menschen berührt wird; die Beobachtung stärkt das Selbstvertrauen der ängstlicheren und scheueren Kätzchen.

Zweitens braucht ein Kätzchen:

- Begegnungen mit anderen Haustieren
- Eine vielfältige, doch nicht ängstigende Umgebung
- Eine Auswahl passender Spielzeuge
- Beste Bewegungsmöglichkeiten
- Möglichkeiten, den Kralleneinsatz zu üben

KATZEN-KINDERGARTEN

Von einem australischen Tierarzt und Verhaltensforscher entwickelt, erfreut sich das Konzept des »Katzen-Kindergartens« immer größerer Beliebtheit. Ziel ist es, die Zahl der Katzen zu verringern, die ihrer Unangepasstheit wegen ausgesetzt werden. Die Jungkatzen sollen vertraut gemacht werden:

- Mit dem Erscheinungsbild einer Tierarztpraxis
- Mit den Prozeduren, denen sie in einer Praxis unterworfen werden
- Mit gesunden anderen Jungkatzen vergleichbaren Alters

Die Katzenhalter selbst können in dieser Institution Erfahrungen über die Gesundheit und das Verhalten ihrer Kätzchen austauschen und Rat finden, wie man bestimmten Schwierigkeiten und Problemen am besten beikommt.

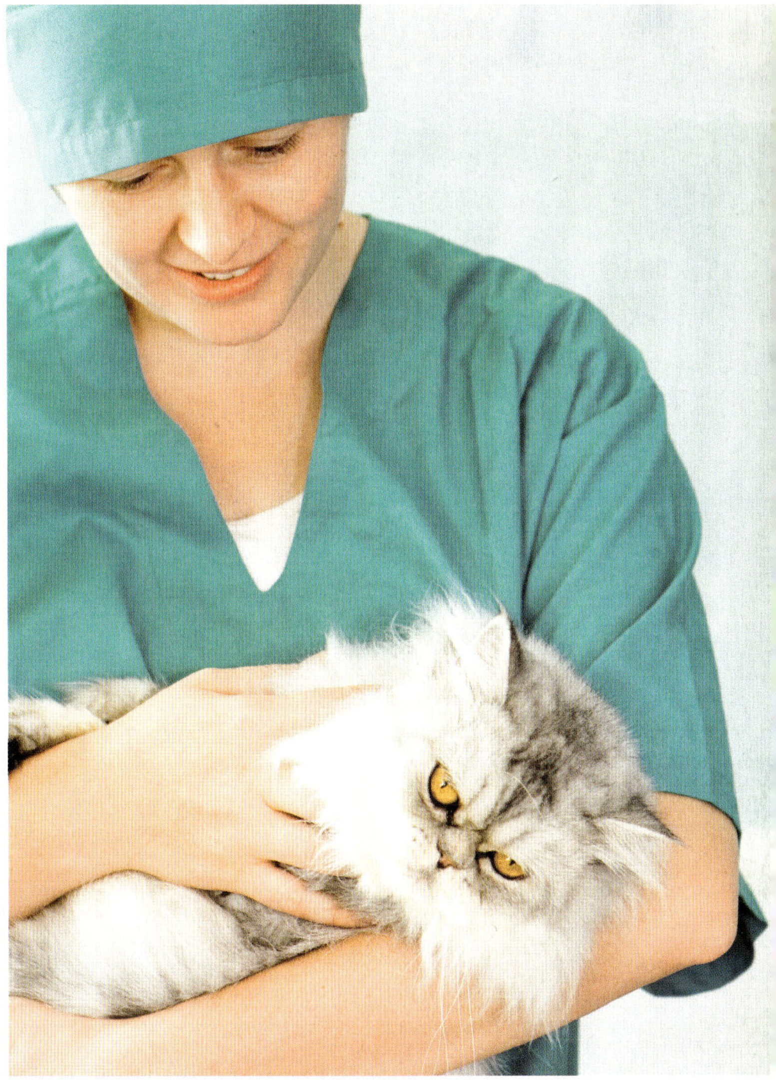

Rechts: *Schon junge Kätzchen mit den Gegebenheiten einer Tierarztpraxis vertraut zu machen ist hilfreich mit Blick auf spätere Besuche.*

Links: *Das Kätzchen profitiert von der intensiven Pflege, die die Mutter ihm in unterschiedlichsten Umgebungen zukommen lässt. Das erwachsene Tier wird sich in ähnlichen Umgebungen besser zurechtfinden.*

- Ein angemessenes Katzenklo
- Nicht ängstigende Erfahrungen mit der häuslichen Umgebung, mit Radio, Fernsehen, anderen Elektrogeräten, spielenden Kindern, schreienden Babys, bellenden Hunden und so weiter.

Drittens muss das Jungtier vorsichtig vertraut gemacht werden mit:

- Allen Maßnahmen, die zum Besuch beim Tierarzt gehören, vom Transport dorthin bis zu den Untersuchungen
- Der Katzenklappe, sofern es eine gibt

Gewandelte Ansichten

Einst sah man die Zeit der Sozialisierung und Gewöhnung der Jungkätzchen als eine »kritische« Periode; heute spricht man eher von einer »empfänglichen« Lebensphase, denn obwohl Katzen auch später noch manches lernen können, ist die frühe Jugend doch die Zeit, in der sie am meisten aufnehmen. Es ist ihr »Fenster der Möglichkeiten«, und es liegt an uns, ihnen ein möglichst großes Fenster mit weitreichendem Ausblick zu bieten. Es ist unsere Chance, sie zu lehren, das Richtige zu tun, denn in keinem späteren Lebensalter lernen Katzen so schnell und so leicht.

Ausnahmen bestätigen die Regel

Man weiß nicht genau, warum das so ist, doch erwachsene Katzen, die nicht sehr gut sozialisiert waren, haben nach einer sehr stressreichen Phase oder einer schweren Erkrankung, die intensive Pflege des Tiers erforderte, sozusagen eine zweite Chance. Sie können sich jetzt quasi wie ein Jungtier sozialisieren und an Menschen oder Dinge gewöhnen, die sie vorher strikt gemieden oder sogar gefürchtet haben. Allerdings wissen alle Katzenhalter, dass Katzen, die intensiv gepflegt werden müssen, eher dazu neigen, Menschen (den Pfleger eingeschlossen) mit großem Misstrauen zu begegnen. In jedem Fall wäre es höchst unethisch und dumm obendrein, eine schlecht angepasste Katze extremem Stress auszusetzen, in der Hoffnung, die Bereitschaft zur einer zweiten Sozialisierungsmöglichkeit zu fördern.

Lernen und Unabhängigkeit

Nur wenn sich die Jungkatzen auch körperlich gut entwickeln, können die wichtigen Entwicklungen des Verhaltens stattfinden. Junge Katzen wachsen enorm schnell. Im Alter von nur vier Wochen kennen sie die Welt, in der sie leben, einschließlich der zwei- und vierbeinigen Individuen, mit denen sie zusammen aufwachsen.

Regulierung der Körpertemperatur – ein erster Meilenstein

Im Alter von etwa vier Wochen kann ein Kätzchen bereits sehen und hören und auch seine Körpertemperatur kann es bereits besser selbst regulieren. Ein wichtiger Entwicklungsschritt, denn auf Erkundungstour gehende Kätzchen können sich leicht lebensbedrohlich unterkühlen. Es ist schon sehr überraschend, dass eine scheinbar unwichtige Entwicklung die Unabhängigkeit und Fähigkeit, die Umgebung zu erkunden, so entscheidend beeinflusst.

Mit drei Wochen ist das junge Kätzchen noch ganz und gar auf die Milch der Mutter angewiesen und hält sich in der Nähe des Nests auf. Sobald die Fähigkeit zur Regulierung der Körpertemperatur einsetzt, wagt sich das Kätzchen weiter von der Wurfkiste weg und nimmt als Ergänzung zur Milch auch schon kleine Mengen fester Nahrung zu sich. In der natürlichen Umgebung beginnt das Muttertier jetzt damit, den Jungen das wichtige Geschäft der Nahrungsbeschaffung beizubringen. Eine frei lebende Katze bringt jetzt Beute zum Nest. Da sie aber nicht will, dass das Beutetier die Jungen verletzt oder ängstigt, hat sie es vorher getötet.

Links: *Ab der vierten Lebenswoche beginnen die Kätzchen ihr Sozialverhalten zu entwickeln. Sie spielen mit den Geschwistern und ruhen dicht aneinandergedrängt.*

Oben: *Die Aufzucht mit der Flasche erfordert Wissen und Zuwendung, wenn die Jungen dadurch auf das zukünftige Leben gut vorbereitet werden sollen.*

Spiel ist eine ernste Sache

Ab der vierten Lebenswoche lernt das Kätzchen die Bedeutung der sozialen Beziehungen zur Mutter und den Geschwistern. Für den Katzenhalter ist die Beobachtung des Spiels der Jungkätzchen vor allem Vergnügen, für die Kleinen aber ist das tollpatschige Klettern und Krabbeln, das Versteckspielen, das Greifen und Schnappen nach den Schwänzen der anderen eine Einübung von Bewegungen. Es ist also ein notwendiger Teil des Wachstumsprozesses, bei dem die Koordinierung von Bewegungen geübt wird. Die Muskeln, Sehnen und Gelenke werden trainiert und gestärkt, die Sinne und das Nervensystem geschärft und entwickelt. Das Jungtier sammelt Erfahrungen, die es braucht, um den weiteren Herausforderungen gewachsen zu sein.

Auf und davon

Wenn es fünf bis sechs Wochen alt ist, sollte das Kätzchen seine Ausscheidungen kontrollieren lernen und sich selbstständig vom Nest entfernen, wenn es sich erleichtern muss. Die für diese Altersgruppe angebotenen Toilettenkästchen bestimmen das spätere Verhalten der Katze. Sind sie unzureichend oder unpassend für das Jungtier, können spätere Besitzer Probleme mit der Katze bekommen, weil sie vielleicht die Wohnung verschmutzt, obgleich das dem normalen Sauberkeitstrieb der Katzen gar nicht entspricht.

Auch die Milchzähne kommen jetzt durch, was das Säugen für die Mutter ziemlich unangenehm macht. Sie wird versuchen, die Jungen, die nun aktiver und selbstständiger werden, immer seltener an die Zitzen zu lassen.

ALLEIN UND EINSAM

In der Wildnis ist ein einzelnes Junges deutlich im Nachteil gegenüber einem mehrere Junge umfassenden Wurf, denn es hat keine Spielkameraden, mit denen es seine Fähigkeiten trainieren kann, während die Mutter auf der Suche nach Nahrung das Nest verlässt. Auch für Hauskatzen ist es nicht unproblematisch, wenn sie Einzelkinder sind. Hat das einzelne Junge die volle Aufmerksamkeit der Mutter genossen, kann daraus eine verwöhnte Hauskatze werden, die mit keiner Entsagung zurechtkommt. Umso mehr gilt dies auch für einzelne von einem Menschen mit der Flasche aufgezogene Tiere. Sie haben es besonders schwer, sich später mit dem harten Faktum abzufinden, dass sie nicht alles bekommen können, was sie haben wollen.

Neugier kann gefährlich sein

Natürlich ist es sinnvoll, dass die Mutter ihre Jungen nach ihren besten Fähigkeiten großzieht und beschützt. Dem steht entgegen, dass die Jungen möglichst viel lernen und eigene Erfahrungen sammeln müssen. Jungkatzen sind deshalb in den ersten Lebenswochen manchmal so neugierig und mutig, dass sie sich selbst gefährden.

Vorsicht lernen

Würden Jungkatzen so unbekümmert bleiben, wie sie in den ersten Wochen sind, würden viele ernsthaften Schaden nehmen. Deshalb kommt es im Alter von sechs bis acht Wochen zu einem interessanten Phänomen: Die Jungen fangen an, defensiv auf Dinge zu reagieren, denen sie sich zuvor unerschrocken genähert hätten. Deshalb sind die allerersten Wochen so wichtig. Der Mensch aber, in dessen Obhut die Katze lebt, ist verantwortlich dafür, dass sie sich zu einem gut angepassten Haustier entwickelt.

Wie erwähnt (Seite 88–89), ist es wichtig, Jungkätzchen mit einer möglichst großen Bandbreite an Erfahrungen zu konfrontieren, damit sie auch später in der Lage sind, Neues einzuordnen. Ähnelt ein Gegenstand, ein Lebewesen, ein Geräusch dem, was sie schon kennen, so ist das Neue sehr viel weniger bedrohlich. Je weniger das Neue der eingeprägten Schablone ähnelt, desto größer die Angst davor. Katzen, die keine entsprechende Sozialisierung und Gewöhnung gehabt haben, können sich nur mit größter Mühe in eine häusliche Umgebung einfügen; das sollte jeder, der mit Katzen leben möchte, unbedingt bedenken.

Das beste Alter der Jungkatze zum Erwerb

Die wenigsten Katzenbesitzer haben ihre Jungkatzen von Geburt an; die meisten erwerben sie von Freunden oder von einem Züchter. Die Frage, in welchem Alter man die Jungkätzchen am besten von der Mutter und den Geschwistern trennt und in eine neue Umgebung bringt, wird heiß diskutiert, denn die Meinungen gehen hier auseinander. Problematisch ist auch die Frage, was wichtiger ist, gesundheitliche Aspekte oder die Erfordernisse der Verhaltensentwicklung.

Noch nicht voll entwickelte Tiere sind sehr viel anfälliger für Krankheiten, vor allem auch ansteckende Infektionen, als Tiere, deren Immunsystem bereits voll entwickelt ist. Einige Züchter geben ihre Tiere deshalb nicht vor der zwölften Lebenswoche ab. Das entspricht auch den Empfehlungen der Züchtervereine vieler Länder. Die Verhaltensforscher hingegen sehen die Dinge anders. Sie sind der Ansicht, dass sich Jungkatzen leichter in eine neue Umgebung einfügen, wenn sie

EIN KÄTZCHEN KAUFEN

Ein Kätzchen von sechs bis acht Wochen hat das optimale Alter für einen Kauf. Ein jüngeres zu kaufen ist nicht empfehlenswert, es braucht noch die Nähe der Mutter und Geschwister. Wollen Sie noch Einfluss auf das Verhalten Ihrer Katze nehmen, sollte das Jungtier beim Kauf aber auch nicht älter sein. Nimmt man eine ausgesetzte Jungkatze auf, hat man keine Wahl, dann muss man versuchen, mit viel Einfühlung wett zu machen, was durch die ungünstigen Umstände versäumt wurde.

noch etwas jünger und anpassungsfähiger sind. Aus ihrer Sicht ist das ideale Alter, ein Kätzchen in einen Haushalt aufzunehmen, zwischen sechs und acht Wochen, vorausgesetzt, das Jungtier ist gesund und physisch robust genug, eine derart gewaltige Umstellung zu verkraften.

Gesundheit und Verhalten stehen miteinander im Zusammenhang. Jedes Tier, das nicht hinreichend gut vorbereitet ist, mit den Gegebenheiten eines neuen Heims zurechtzukommen, wird von allem, was es vorfindet, gestresst sein. Sind die Umstände wirklich schlecht, vielleicht weil das Jungtier üble Erfahrungen machte, so kann die neue Umgebung eine derartige Belastung darstellen, dass das Tier ein Leben lang ängstlich bleibt, was sich zwangsläufig auf seine Gesundheit auswirkt. Eine Reihe von Verhaltensstörungen – angstinduzierte Aggression gegenüber Menschen und anderen Katzen oder übermäßiges Putzen – können eine Folge von Dauerstress sein. Solches Fehlverhalten zeigt nicht nur an, dass die Katze unglücklich ist, es kann sich auch sehr negativ auf ihre Gesundheit auswirken.

Oben: *Werden sehr junge Katzen von Mutter und Geschwistern getrennt, verlieren sie alles, was ihnen bisher bekannt war. Bietet man ihnen aber Bedingungen, die denen ähneln, an die sie gewöhnt waren, erleichtert man ihnen den Übergang.*

Links: *Je mehr Erfahrungen Kätzchen im Alter von sechs bis acht Wochen machten, desto besser können sie mit ungewöhnlichen Situationen umgehen und sich einem neuen Heim anpassen.*

Eine neue Umgebung

Wenn Sie ein Jungkätzchen erwerben und spätere Verhaltensstörungen ausschließen möchten, sollten Sie alles beachten, was bisher schon über das Verhalten von Katzen erwähnt wurde. Nur wenn Sie das alles bedenken, können Sie ein Jungtier auswählen. Doch noch bleibt die Frage: Wo findet man das passende Kätzchen?

Die richtige Katze finden

Die erste Frage lautet: Wuchs das Kätzchen so auf, dass es sich als Haustier für Sie eignet? Das ist eine Frage, die es auch dann zu stellen gilt, wenn Sie eine erwachsene Katze aufnehmen. Sodann spielt die persönliche Präferenz eine Rolle:

- Möchten Sie eine Rassekatze mit Stammbaum?
- Möchten Sie ein Kätzchen, um es aufwachsen zu sehen?
- Möchten Sie eine Katze aus dem Tierheim, weil Sie ihr ein Zuhause geben wollen, sich aber um die Aufzucht einer Jungkatze nicht kümmern können?

Beim Durchgehen der folgenden Checkliste werden Sie vielleicht nicht alle Fragen beantworten können, weil über die Herkunft der Katze zu wenig bekannt ist. Doch Sie sollten sich um so viele Antworten wie möglich bemühen. Nur dann können Sie entscheiden, ob die erwählte Katze für Sie die richtige ist. Auch wenn es negative Punkte gibt, muss das nicht heißen, dass Sie eine Katze, die Sie ins Herz geschlossen haben, nicht zu sich nehmen können. Wer sich einem Tier mit Geduld und Einfühlung widmet, kann so manche Lücke in der Erziehung und Prägung des Verhaltens auch bei einem erwachsenen Tier noch ausgleichen.

CHECKLISTE

- Ist das Muttertier von seiner Herkunft und Persönlichkeit her geeignet, das für Sie passende Kätzchen hervorzubringen?
- Ist der Vater bekannt? Ist er von seiner Herkunft und Persönlichkeit her geeignet, das für Sie passende Kätzchen zu zeugen?
- Sofern Sie Kontakt mit einem oder beiden Elterntieren aufnehmen können: Sind sie zutraulich oder eher ängstlich?
- Sind die Elterntiere Ihnen gegenüber eher scheu oder verhalten sie sich so, dass auch die Jungen des Wurfs, die ihren Eltern nacheifern, Zutrauen zu Ihnen fassen können?
- Interagiert das Kätzchen, das Sie wollen, zutraulich mit seinen Geschwistern? Wenn es sich ängstlich zeigt, kann es vielleicht auch zu Ihnen kein Zutrauen entwickeln.
- Wie reagiert die Katze auf Sie? Ist sie etwas scheu, weil Sie ein Fremder sind, oder wirkt sie deutlich ängstlich oder aggressiv?
- Wer kümmert sich um die Jungen? Gibt es eine deutliche Diskrepanz zwischen diesen und den Menschen, mit denen die Katze zukünftig leben soll?
- Sofern Ihnen Mängel bei der Sozialisierung auffallen, fragen Sie, was getan wurde, um den Erfahrungshorizont des Kätzchens zu erweitern. Etwa, ob es von früh auf regelmäßig mit Besuchern konfrontiert und an übliche Hausgeräusche gewöhnt wurde.
- Wurde das Kätzchen in einer Weise sozialisiert, die dem entspricht, was es in Ihrem Haus vorfinden wird? Ein Kätzchen, das im Käfig einer Zuchtstation aufwuchs, kann Probleme haben, sich an ein Leben in einer umtriebigen Familie zu gewöhnen, sich aber bei einer Einzelperson durchaus wohl fühlen.

Gehen Sie alle Punkte der Checkliste sorgsam durch. Ergeben sich dabei zu große Diskrepanzen zwischen der Art, wie die Katze aufwuchs, und dem, was Sie ihr bieten können, sollten Sie (sowohl im Interesse der Katze als auch in ihrem eigenen) lieber eine andere wählen.

Ist die schon erwachsene Katze beispielsweise nicht an Kinder gewöhnt, sollte man sie nicht in einen kinderreichen Haushalt bringen; ist sie noch sehr jung, kann man versuchen, sie sanft an diese Umgebung zu gewöhnen. Das bedeutet, dass sich Kinder nicht auf das Kätzchen stürzen, sondern erst langsam mit ihm bekannt machen sollten.

Oben: *Ein Kätzchen aus einem Wurf zu wählen ist nicht leicht. Den Wurf zu beobachten ist aber eine gute Möglichkeit, die Eigenschaften der Einzeltiere zu erkennen und so das geeignetste herauszufinden.*

Links: *Eine Garantie kann es nie geben, doch eine sorgfältige Wahl, bei der das Herz nicht über den Verstand siegt, dürfte zu einem guten Ergebnis führen.*

Jugendzeit

Die Phase zwischen dem Ende der Sozialisierung und der sexuellen Reife – also zwischen der achten Woche und dem fünften bis achten Monat (je nach Rasse) – ist sowohl für die Katze als auch für den Halter eine interessante Zeit. In dieser Phase nämlich entwickelt die Jungkatze ihren Charakter und wird zu einem Individuum.

Unten: *Spielen ist eine wichtige Tätigkeit der Jungkatze. Gegen Ende der Sozialisierung nimmt das Spiel ernste Züge an, das Tier widmet sich ihm mit größter Aufmerksamkeit.*

Rechts: *Ein erwachsener Kater hat ein rundlicheres Gesicht als die Kätzin der gleichen Rasse. Auf der Suche nach einer Partnerin wagt er sich weit von seinem Standort weg.*

Der Ernst des Lebens

Ist das Kätzchen sieben bis acht Wochen alt, widmet es der Mutter und den Geschwistern weniger Aufmerksamkeit. Bis dahin waren deren Schwänze eines der beliebtesten Spielzeuge, jetzt gewinnen Objekte der Umwelt mehr Anziehungskraft. Bälle, Kordeln, Mäuse (echte oder Spielzeug), alles wird jetzt betastet, beschnuppert, mit der Pfote geschoben und geschubst, beobachtet, belauert und gejagt oder benagt, wenn es genügend gut festgehalten werden kann.

Sowohl für die Katze als auch für den Besitzer ist das eine faszinierende, vergnügliche Zeit, doch hinter dem Vergnügen steckt ein wichtiger Zweck. Sie haben das Tier gewiss regelmäßig mit Futter versorgt, doch die Eigenschaften der Katzenahnen, denen das Verhalten Ihrer Katze unterliegt, brechen sich Bahn – die junge Katze wird jede Gelegenheit nutzen, Jagdtechniken zu üben, obwohl sie wahrscheinlich nie für sich selbst zu sorgen braucht. Sie werden beobachten, wie das Kätzchen jede Phase des Jagdvorgangs, vom Belauern und Anschleichen bis zum Sprung auf die Beute, bei ihrem Spiel mit beweglichen Gegenständen trainiert. Meist gelingt es den Tieren aber nicht, die einzelnen Abschnitte der Jagd in der richtigen Reihenfolge zu absolvieren, obwohl sie alle Bestandteile des Gesamtprozesses beim Spiel mit den Geschwistern und/oder Menschen fleißig üben.

Sexuelle Reife

Sofern der Mensch nicht durch Kastration eingreift, ist die weibliche Katze mit Erlangung der sexuellen Reife in der Lage, selbst Junge zu bekommen. Der Zeitpunkt kann bei Rassekatzen anders liegen als bei »Streunern« und gewöhn-

DER ZYKLUS DER KÄTZINNEN

Haben Sie eine junge Kätzin, die sich der Reife nähert, sollten Sie die Stadien ihres Zyklus kennen:

- Anöstrisch nennt man die Periode zwischen zwei Brutzeiten; die Katze zeigt keinerlei Besonderheiten in ihrem Verhalten.
- Proöstrisch ist die Periode unmittelbar vor der Rolligkeit. Die Katze ist unruhig und markiert mehr. Kommt ein Kater in ihre Nähe, ist sie zur Paarung nicht bereit, aber weniger abweisend als sonst. Sie rollt sich auf dem Boden, streckt die Vorderbeine aus, schnurrt, pfötelt und fährt rhythmisch die Krallen aus.
- Östrisch sind die zwei bis vier Tage der Rolligkeit, in der sie bereit ist, sich mit einem Kater zu paaren, was sie durch eine geduckte Haltung anzeigt. Den Kopf hält sie dabei nach unten, die Hinterbeine sind leicht ausgestreckt. Ein unvorbereiteter Besitzer kann von diesem Verhalten überrascht werden. Die Tierarztpraxen sind voll von »Notfällen«, bei denen schreiende, sich windende Katzen vorgestellt werden, die tatsächlich aber bloß ihre erste Rolligkeit durchmachen.
- Metöstrisch nennt man die Zeit zwischen den Zyklen, falls die Katze nicht gedeckt wurde. Ist sie trächtig geworden, wird ihr Verhalten wieder völlig normal.

lichen Hauskatzen. Manche Katzen sind mit 18 bis 20 Wochen zur Fortpflanzung fähig, andere erst mit sechs oder sieben Monaten oder noch später. Sobald die Geschlechtshormone ihre Wirkung entfalten, zeigen sich bei Katern wie Kätzinnen körperliche Veränderungen, die sich auch auf das Verhalten der Tiere auswirken.

Kater

Wachsen männliche Jungkatzen zu geschlechtsreifen Katern heran, ändert sich ihr Erscheinungsbild. Wurden sie nicht vorher kastriert, entwickeln sich die Muskeln unter dem Einfluss des männlichen Geschlechtshormons Testosteron. Vor allem aber bekommen sie das rundere Katergesicht, sie werden unruhig und wollen nach draußen. Haben sie freien Auslauf, bleiben sie manchmal längere Zeit von zu Hause weg und unternehmen weite Streifzüge.

Am wenigsten begeistert sind die Halter vom strengen Odeur des Kater-Urins, ein Geruch, den man nicht vergisst, wenn man ihn einmal zu riechen bekam. Es überrascht nicht, dass die meisten Halter den Kater schon aus diesem Grund kastrieren lassen.

Kätzinnen

Bei den Kätzinnen sind die Veränderungen weniger auffällig. Sofern sie nicht kastriert oder bereits trächtig sind, werden sie periodisch für zwei bis vier Tage empfangsbereit. Man sagt dann auch, die Katze ist »rollig«. Diese Rolligkeit kann zwei bis drei Mal im Jahr auftreten, meist im Frühjahr und Sommer, gelegentlich auch im Herbst. Da die Einzeltiere aber sehr individuell sind, kann die Rolligkeit auch zu anderen Zeiten auftreten. Züchter machen sich das zunutze und halten die Tiere gelegentlich unter künstlichen Lichtverhältnissen, die den Katzenzyklus beeinflussen.

Links: *In der proöstrischen Phase, die der Paarungsbereitschaft unmittelbar vorausgeht, rollen sich die Kätzinnen auf den Rücken, strecken die Pfoten von sich und schnurren.*

Rechts: *Die eigentliche Paarung ist bei Katzen ein rasch erledigter Vorgang. Der Penis des Katers ist mit kleinen Stacheln bewehrt. Der Rückzug ist für die Kätzin schmerzhaft, sie schreit und faucht. Doch erst diese Verletzung bei der Paarung löst den Eisprung aus.*

Paarung und Kastration

Ob man die Katze kastrieren lässt oder nicht, ist eine der wichtigsten Entscheidungen, die man als Katzenbesitzer zu fällen hat. Wenn man eine Kätzin hat, ist die Frage, ob man sie ein oder zwei Würfe hervorbringen oder noch vor der Erlangung der Reife kastrieren lässt. Auch bei jungen Katern ist die Entscheidung sehr wichtig, denn sie können Probleme machen, wenn sie bereits weite Streifzüge unternommen haben, bevor sie kastriert wurden.

Paarung

Besitzen Sie eine Rassekätzin, von der Sie gern einen Wurf hätten, fragen Sie Ihren Tierarzt nach der besten Zeit, sie einem Kater gleicher Rasse zuzuführen. Haben Sie eine rollige rasselose Katze, die freien Auslauf hat, wird sie sich wahrscheinlich mit dem ersten zeugungsfähigen Kater paaren, der ihr begegnet.

Ob es unter den kontrollierten Verhältnissen einer Zuchtstation geschieht oder in Nachbars Garten, die Kopulation selbst dauert nur Sekunden. Der Kater packt die Kätzin mit dem Maul im Nacken und besteigt sie. Da sein Penis mit Widerhaken besetzt ist, ritzt er beim Rückzug die Schleimhaut der Scheide auf, was den Eisprung anregt. Für die Kätzin ist das schmerzhaft, weshalb sie schreit, den Kater vielleicht sogar beißt.

Kastration zahlt sich aus

Wahrscheinlich fragen Sie sich, welche Nebeneffekte die Kastration für Ihre Katze hat. Sofern Sie keine Rassekatze besitzen, mit der Sie unter kontrollierten Bedingungen züchten, oder einfach von Ihrem rasselosen Stubentiger ein paar Nachkommen haben möchten, empfiehlt es sich, die Katze kastrieren zu lassen.

Je früher der Einfluss der Geschlechtshormone – Östrogen bei den Kätzinnen, Testosteron bei den Katern – unterbunden wird, desto größer die körperliche Auswirkung. Vor allem aber wird auch das Verhalten zu einem nicht geringen Maße beeinflusst. Viele Halter lassen ihre Katzen bereits vor Erlangung der Reife kastrieren. Damit verhindern sie nicht nur die Ansteckung durch sexuell übertragbare Krankheiten, sie schließen auch die Risiken aus, denen frei laufende Katzen ausgesetzt sind, die sich auf die Suche nach einem Partner machen. Unkastrierte Kater sind deutlich häufiger in Verkehrsunfälle verwickelt als kastrierte, sie kämpfen sehr viel öfter, was das Risiko von Verletzungen und Infektionen mit sich bringt, und bieten daher oft schon in jungen Jahren den Anblick des wackeren, vom Kampf gezeichneten Kämpen.

Viele Halter wollen den Kätzinnen all die Anstrengungen und Risiken ersparen, die mit der Trächtigkeit und der Aufzucht von Jungen verbunden sind, und zugleich sich selbst den mit der Rolligkeit einhergehenden Drang zu markieren sowie das typische Geschrei der rolligen Katze.

Kastrierte Katzen werden allerdings zu besseren Futterverwertern. Man muss also aufpassen, dass sie nach der Kastration nicht zu dick und damit träge werden. Positiv für den Halter ist das Faktum, dass die Kätzin nicht ihren Zyklus durchläuft und der Kater höchstwahrscheinlich sein jugendliches Aussehen bewahrt, in jedem Fall ist er ruhiger und riecht weniger.

Außerdem sind kastrierte Katzen meist weniger motiviert, ihr Revier zu markieren; die ganze Frage des Reviers spielt eine weniger wichtige Rolle und vor allem Kater drängt es nicht zu großen Ausflügen. Doch auch eine kastrierte Kätzin kann durchaus zur nachdrücklichen Verteidigerin aller Ressourcen werden, deren ihr potenzieller Nachwuchs bedürfte. Man könnte also sagen, dass kastrierte Katzen weniger Risiken ausgesetzt sind und quasi im unbeschwerten Stand der späten Jugend verharren. Für uns Menschen heißt das zumeist, dass wir (vorausgesetzt die Sozialisierung hat gut geklappt) liebenswürdige, friedliche Hausgenossen haben, in die wir zu Recht vernarrt sein dürfen.

ARTEN DER KASTRATION

Kater werden durch die Entfernung der Hoden kastriert. Da die Testikel nicht bei allen Katern sichtbar hervorwachsen, kann die Operation einen Bauchschnitt erfordern. Um Kätzinnen zu kastrieren, werden ihnen in einer Operation die Eierstöcke (Ovarien) und die Gebärmutter (Uterus) entfernt.

In Würde altern

Obwohl die unkastrierte Hauskatze schon früh Interesse am anderen Geschlecht zeigt, gilt sie doch erst mit 10 bis 12 Monaten als erwachsen. Die volle körperliche Reife sowie die volle Ausprägung des typischen Verhaltens, das die soziale Reife kennzeichnet, ist sogar erst mit 18 bis 24 Monaten erreicht. Kastrierte Katzen bleiben in der Endphase der Entwicklung zum erwachsenen Tier stecken, reifen also nicht so weit aus wie unkastrierte. Sie verbringen nun eine Reihe guter Jahre, bis sie langsam den Status eines Seniors erreichen.

Die ältere Katze

Fortschritte in der Ernährung und der medizinischen Versorgung führen dazu, dass auch Hauskatzen immer älter werden. Die Alterung ist ein natürlicher Prozess, keine Krankheit, dennoch führt sie zu unausweichlichen Verschlechterungen der Körperfunktionen. Es kann sein, dass eine Katze, die acht, zehn oder mehr Jahre alt ist, schlechter sieht, hört und riecht und auch nicht mehr so agil ist wie früher.

Die gute Nachricht aber ist, dass Sie als Halter viel dafür tun können, der Katze auch im vorgerückten Alter eine gute Lebensqualität zu sichern. Sind beispielsweise die Gelenke der Katze in Mitleidenschaft gezogen, kann sie nicht mehr so gut klettern und springen, braucht sie nur einen tiefer angebrachten Ruheplatz, während sie früher die höheren Plätze bevorzugte. Ist sie gewöhnt, nach draußen zu gehen, so kann es sein, dass sie jetzt lieber drinnen bleibt, wenn es draußen kalt oder regnerisch ist. Und die Begegnung mit jungen, kräftigen Nachbarkatzen wird sie auch eher meiden. Eine leicht gängige, gut erreichbare Katzenklappe ist jetzt besonders wichtig.

Achten Sie auf jede deutliche Verhaltensänderung und bringen Sie die Katze regelmäßig zum Tierarzt. Je eher er eine krankhafte Veränderung feststellen kann, desto besser kann er auch hilfreich eingreifen. Viele Katzen haben das Glück, ein langes, gesundes Leben zu führen. Auch hier spielt die genetische Anlage eine große Rolle, vor allem aber bestimmen auch die Lebensverhältnisse die Art und Weise, wie Ihre Katze mit dem Altern zurande kommt.

AUS SICHT DES HALTERS

Schaut man alle wichtigen Entwicklungsphasen an, die eine Katze in ihrem Leben durchläuft, so erkennt man unschwer, wie faszinierend das Verhalten der Katzen ist und wie viele bewusste und unbewusste Faktoren dabei zum Tragen kommen. Als dem Halter der Katze kommt dem Menschen dabei die verantwortungsvolle Aufgabe zu, das physisch ebenso wie das psychisch Bestmögliche für die Katze zu tun, damit sie sich in jeder Phase ihrer Entwicklung wohl fühlt und ein unbeschwertes, langes Leben führen kann. Denn nur, wenn es der Katze gut geht, hat auch ihr Halter das größtmögliche Vergnügen mit und an ihr.

Links: *Ältere Katzen sind meist ruhiger als junge Tiere und verbringen noch mehr Zeit mit Dösen und Schlafen.*

Unten: *Die Zahl älterer Haustiere nimmt zu, und es gibt viel, das der Mensch tun kann, um ihnen den Lebensabend so angenehm wie möglich zu machen.*

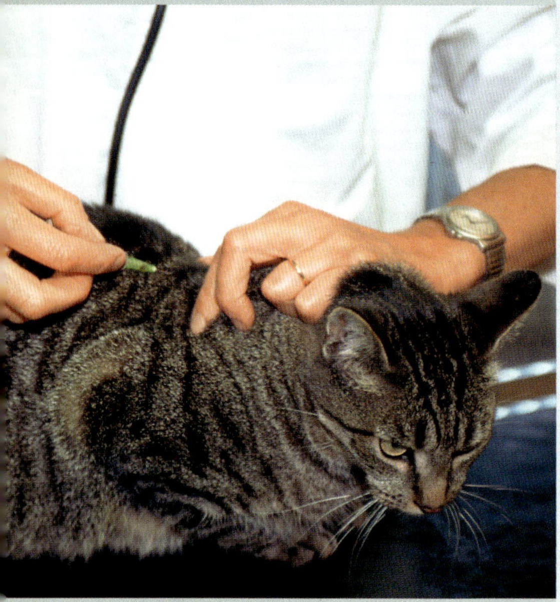

Altersdemenz

Erst jüngst wurde entdeckt, dass Katzen – ebenso wie Menschen und Hunde – an einer Form der Altersdemenz leiden können. Bei Hunden spricht man vom Kognitiven Dysfunktionssyndrom (KDS), und manche Verhaltensforscher meinen, diese Bezeichnung sei auch auf Katzen anzuwenden.

WAS LÖST DAS SYNDROM AUS?

Die Anzeichen der Demenz können schwach oder stark ausgeprägt sein, der Zustand kann sehr langsam oder extrem rasch voranschreiten.

Noch weiß die Tiermedizin sehr wenig über Demenz bei Katzen. Sie steht quasi am Anfang der Forschung und beginnt erst, Ähnlichkeiten und Unterschiede zur Alzheimer genannten Erkrankung des Menschen und zum KDS der Hunde zu erforschen. An den Gehirnen verstorbener betroffener Katzen vorgenommene Untersuchungen weisen auf Ähnlichkeiten mit den entsprechenden Erkrankungen bei Menschen und Hunden hin. Auch die Verhaltensauffälligkeiten, die von den Haltern beobachtet werden, ähneln denen bei Hunden.

***Oben:** Bringen Sie Ihre Katze sofort zum Tierarzt, wenn Sie Verhaltensänderungen feststellen. Je eher Probleme entdeckt werden, desto besser.*

***Rechts:** Eine ältere an Demenz leidende Katze wird lethargisch und zieht sich zurück. Auch ihr Fress- und Putzverhalten ändert sich.*

Anzeichen einer Katzen-Demenz sind:

- Desorientierung
- Verwirrtheit
- Erinnerungslücken
- Änderung im Sozialverhalten: Die Katze reagiert nicht und zieht sich zurück oder sie erzwingt umgekehrt übermäßige Aufmerksamkeit.
- Die Katze findet das Klo nicht mehr
- Exzessives Miauen
- Die Katze ist nachts wach und tagsüber lethargisch
- Zielloses Umherwandern
- Deutlich verändertes Putzverhalten

Wahrscheinlich begünstigt ein Zusammenspiel verschiedener Risikofaktoren die Entwicklung der Demenz. Hoher Blutdruck zum Beispiel, der beim Menschen bei der Demenz eine Rolle spielt, wird auch bei älteren Katzen nicht selten festgestellt, weshalb man vermutet, dass er auch bei Katzen zu einem der Risikofaktoren gehört. Auch freie Radikale, Gruppen von Atomen, die wie Elemente reagieren, sind für einen Teil der Alterungsprozesse verantwortlich und scheinen bei der Demenz von Katzen eine Rolle zu spielen.

WIE VERBREITET IST DAS SYNDROM?

Es lässt sich nur schwer sagen, wie viele Katzen von der Altersdemenz betroffen sind. Manchem Halter mag entgehen, dass die Katze dement ist, besonders bei einem milden Verlauf. Andere bemerken, dass etwas nicht stimmt, halten dies aber für »normale« Alterszeichen. Selbst der Tierarzt kann möglicherweise keine klare Diagnose stellen, weil es andere mit dem Alter zusammenhängende medizinische Probleme gibt, die denen der Demenz ähneln.

WIE WIRD DEMENZ FESTGESTELLT?

Es gibt keinen eindeutigen Test, mit dem der Zustand festgestellt werden könnte. Meist führt der Weg über den Ausschluss aller anderen möglichen Krankheiten, die ähnliche Symptome hervorrufen. Die Verhaltensänderungen müssen genau beobachtet werden, um auszuschließen, dass dafür keine anderen Gründe vorliegen. Herauszufinden, warum die Katze ihr Verhalten geändert hat, kann schwierig sein, in jedem Fall erfordert es Zeit und Geduld. Erst wenn alles andere auszuschließen ist, kann man die Diagnose stellen; möglicherweise ist ein auf Katzen spezialisierter Verhaltensforscher hinzuzuziehen.

GIBT ES EINE BEHANDLUNGS-MÖGLICHKEIT?

Leidet die Katze wirklich an Demenz, so gibt es leider kein spezifisches Heilmittel. Allerdings kann man viel tun, um das Voranschreiten der Demenz zu verzögern und einige der Symptome zu bessern. Eine mit vielen Antioxidanzien angereicherte Nahrung und Medikamente, die die Blutversorgung des Gehirns verbessern, können deutlich dazu beitragen, die Symptome von Haustieren zu lindern, die erwiesenermaßen am Kognitiven Dysfunktionssyndrom leiden.

Vor allem wenn die Verhaltensänderungen des Tiers gravierend sind oder wenn das Tier wirklich sehr zu leiden scheint, ist es manchen Haltern unerträglich, weiter mit dem betroffenen Tier zu leben; sie lassen es vom Tierarzt einschläfern. Ist Ihre Katze aber einfach nur alt geworden, so brauchen Sie sich keine Sorgen zu machen. Genießen Sie das Zusammensein mit ihr wie gehabt, bringen Sie sie zum Tierarzt, wenn etwas nicht stimmt, und lassen Sie sie in jedem Fall regelmäßig untersuchen, um frühe Anzeichen einer Erkrankung rechtzeitig zu erkennen.

FRAGEN DES LEBENSSTILS

Die moderne Welt mit ihrer wachsenden, sich demographisch verändernden Bevölkerung hat auch Einfluss auf das Leben der Hauskatzen. Viel mehr als früher werden Katzen als echte Familienmitglieder betrachtet und aus vielerlei Erwägungen heraus werden sie immer häufiger permanent im Haus oder in der Wohnung gehalten, was früher eher selten vorkam. Eben weil sie sich durchgängig in der Wohnung halten lassen, erfreuen sich vor allem Katzen immer größerer Beliebtheit und die Zahl der Hauskatzen steigt stetig. Doch jeder Lebensstil birgt Vor- und Nachteile. Ehe Sie festlegen, was für Ihre Katze wohl das Beste ist, sollten Sie alle Pros und Kontras der verschiedenen Möglichkeiten gründlich überdenken.

Wohnungskatzen und Mehrkatzenhaushalte

Immer mehr Katzenhalter bringen ihre Lieblinge wegen Verhaltensstörungen und Gesundheitsproblemen zu Tierärzten und Verhaltensforschern. Diese weisen ihrerseits immer nachdrücklicher darauf hin, dass diese Probleme in direktem Zusammenhang stehen mit der Lebensweise, die den Katzen von ihren Besitzern aufgezwungen wird – selbst wenn dies in bester Absicht geschieht.

Problematischer Lebensstil

Man weiß inzwischen, dass manche Erkrankungen der ableitenden Harnwege (siehe Seite 128) sowie Fettleibigkeit (siehe Seite 124) mit der Lebensweise der Katze zusammenhängen. Auch eine Reihe häufiger Verhaltensstörungen, die lediglich Ausdruck dafür sind, dass sich die Katze in ihrer Umgebung nicht wohl fühlt, haben mit der ihr aufgezwungenen Lebensweise zu tun. Zu diesen Störungen gehören:

- Angst
- Permanente Unruhe
- Frustration
- Motivationskonflikte
- Langeweile
- Apathie

Dass man solche Verhaltensstörungen am ehesten in Haushalten mit mehreren Katzen beobachtet oder bei Einzelkatzen, die keinerlei Zugang zur Außenwelt haben, sollte nicht überraschen, wenn man bedenkt, was zwingend zum natürlichen Verhalten der Vorfahren der Hauskatze gehört. Verhaltensforscher, die sich mit den speziellen Verhaltensweisen und vor allem den Verhaltensstörungen von Wildtieren

Oben: *Die Katzenklappe gibt der Katze die Möglichkeit, zu kommen und zu gehen, wie sie will. Es gibt verschließbare Klappen, die verhindern, dass Eindringlinge sie benutzen.*

Links: *Es hängt von den Umständen ab, ob ihre Katze ein Freigänger sein kann. Bevor Sie eine Katze erwerben, sollten Sie alle Vor- und Nachteile des Lebens als Freigänger erwägen.*

befassen, die in Gefangenschaft, etwa in Zoos, gehalten werden, haben für sie ein Konzept entwickelt, das sie als »Umweltbereicherung« bezeichnen. Es hat sich herausgestellt, dass sich dieses Konzept auch auf Hauskatzen mit gutem Erfolg anwenden lässt. Eine Bereicherung der Umwelt kann so manches Verhaltensproblem lösen, besser aber als jede Heilung ist die Vorbeugung. Die meisten Maßnahmen, die man ergreifen kann, um Wohnungskatzen bei guter Laune zu halten, haben den Vorteil, dass sie den Haltern ebenso viel Vergnügen machen wie den Katzen.

Es kann funktionieren

Vorausgesetzt, Sie haben mit Ihrer Einzelkatze – oder der Katzengruppe – die richtige Wahl getroffen, kann ein reines Wohnungsdasein gut gelingen, sofern Sie bereit sind, sich zu bemühen, Geduld aufzubringen und ein paar Kompromisse einzugehen. Das Leben ist niemals ohne Risiken; doch sind Sie durch die Umstände gezwungen, die Katze permanent in der Wohnung zu halten, so zahlt es sich aus, zunächst genau zu erwägen, welche Vor- und Nachteile eine solche Haltung für Sie und das Tier hätte.

LEBEN ALS WOHNUNGSKATZE

Vorteile:

- Geringeres Risiko, im Straßenverkehr zu verunglücken, von Bäumen, Mauern, Zäunen zu stürzen oder in einem Gewässer zu ertrinken.
- Geringeres Risiko der Ansteckung mit einer Krankheit.
- Keine stressreichen Begegnungen mit unfreundlichen Artgenossen oder anderen Tieren.

Nachteile:

- Auch in der Wohnung können Unfälle passieren, etwa mit Elektrogeräten wie Waschmaschinen und Trocknern, durch Sprünge auf heiße Herdplatten, Knabbern an giftigen Zimmerpflanzen, Stürze vom Balkon.
- Unkenntnis des Straßenlebens, falls die Katze ungewollt entwischt ist.
- Gibt es andere Katzen in der Nähe, kann dies Stress auslösen, wenn Ihre Katze sie durch das Fenster sehen, in der Nachbarwohnung riechen oder der Geruch anderer Katzen auf anderem Weg zu ihr gelangen kann.

LEBEN ALS FREIGÄNGER

Vorteile:

- Mehr Raum und Möglichkeiten, alle natürlichen Anlagen auszuleben.
- Mehr Kontrolle über das eigenen Leben, was für alle Katzen enorm wichtig ist.
- Bessere Möglichkeit, Situationen zu entkommen, die als unerträglich empfunden werden, Angst oder Furcht auslösen, mögen die Ursachen Menschen oder andere Tiere sein.

Nachteile:

- Zu kleine Gärten ohne dichte Büsche und ausgewachsene Bäume bieten kaum Möglichkeiten, die natürlichen Anlagen auszuleben.
- Katzen aus der Nachbarschaft können durch die Katzenklappe, offene Türen oder Fenster bis in den Kernbereich der Katze vordringen.
- Ist die Katzenpopulation der Umgebung groß, gar der Garten schon von Nachbarkatzen als Revier beansprucht, kann es draußen ebenso stressreich für die Katze sein wie drinnen.

Wie die Katze ihr Heim sieht

Es ist ganz wichtig, dass Sie die Umgebung, in die Sie die Katze aufnehmen wollen, sozusagen mit den Augen der Katze betrachten. Berücksichtigen Sie dabei das natürliche Verhalten und die Persönlichkeit der Katze und alles, was Sie über die Rasse und das Vorleben des individuellen Tiers in Erfahrung bringen konnten.

Grundbedürfnisse

Rufen Sie sich in Erinnerung, welche Grundbedürfnisse jede Katze hat, um sich wohl zu fühlen: Sie muss ihre Umgebung unter Kontrolle haben, sie muss Impulse wie ihre Umgebung zu erforschen ausleben können, sie muss »jagen«, ruhen und schlafen und sich in einem ihr genehmen Katzenklo erleichtern können.

Das Revier ist für reine Wohnungskatzen ebenso wichtig wie für Freigänger. Es versteht sich von selbst, dass die normalen Reviergrenzen einer Wohnungskatze enger gespannt sind als die eines Freigängers – zumindest, wenn sie nicht gerade in einer geräumigen Luxusvilla lebt. Der ihr zur Verfügung stehende Raum ist unter Umständen sehr viel kleiner, als es ihren natürlichen Bedürfnissen entspräche, vor allem, wenn zusätzlich mehrere Personen oder weitere Katzen oder andere Haustiere den Lebensraum mit ihr teilen.

Es liegt also auf der Hand, dass alles, was sich physisch spürbar wahrnehmen, also sehen, riechen, hören, fühlen, schmecken lässt, körperlichen und emotionalen Einfluss auf die innerhalb der Wohnung gehaltenen Katzen hat. Als goldene Regel aus Sicht der Katze könnte man sagen: Je vielgestaltiger, zugleich aber beständiger die Umgebung, desto wohler wird sie sich fühlen.

Ideale Umgebung

Damit die reine Wohnungskatze sich wohl fühlt, braucht sie:

- Ein Gefühl der Sicherheit: Die Umgebung muss verlässlich geordnet und ohne Stressauslöser sein.
- Das Gefühl, die Kontrolle zu haben: Die Möglichkeit, selbst über das eigene Tun und Lassen zu entscheiden, ist für die Katze enorm wichtig.
- Ein komplexes, interessantes Umfeld, das keine Ängste auslöst.
- Katzenfreundliche Neuigkeiten, die sie körperlich und geistig aktiv halten.
- Soziale Kontakte, über die allein die Katze bestimmt.

DIE KONTROLLE BEHALTEN

Katzen müssen die Kontrolle über ihre Umgebung haben. Es kann deshalb geschehen, dass eine eher scheue Katze, die in eine neue, ihr unbekannte Umgebung gebracht wird, sich versteckt oder sich paradoxerweise gerade zu dem Menschen begibt, der für Katzen am wenigsten übrig hat. Bei ihm setzt sie sich auf den Schoß und verharrt dort, weil sie da kaum gestreichelt wird. Die Annäherungen des Katzenfreundes sind ihr dagegen unangenehm. Im Empfinden der Katze hat sie auf diese Weise sichergestellt, dass sie die Kontrolle hat.

Freigehege

Manchen Katzenhaltern gilt eine Art Katzenstall im Freien als ideale Möglichkeit, Wohnungskatzen eine neue Umgebung und etwas frische Luft zu bieten. Die Katze fühlt sich in einem solchen Zwinger aber zu Recht gefangen. Obendrein sind solche Zwinger meist auch nur unzureichend ausgestattet und bieten keine Versteckmöglichkeit, sollte eine Nachbarkatze herumstreichen. Noch schlimmer wird es für die eingesperrte Katze, wenn die Nachbarkatze im Areal des Stalls ihre Duftmarken hinterlässt, während die eingeschlossene Katze dem nichts entgegensetzen kann. Jedes Mal, wenn sie in ihr geschlossenes Gehege im Freien gebracht wird, ist die Katze dann mit Duftbotschaften konfrontiert, die ihr klar zu verstehen geben, dass sie hier eigentlich nichts zu suchen hat. Der Halter hat es gut gemeint, verursacht seiner Katze aber einen unerträglichen Stress.

Besser ist es, wenn die Katze eine Katzenklappe hat und selbst entscheiden kann, ob und wann sie ins Freie geht. Doch auch hier entscheiden leider nur zu oft die Besitzer, indem sie die Klappe nur zu bestimmten Zeiten offen halten.

Ebenfalls problematisch sind Leinen und Geschirre, die man nur in Ausnahmefällen verwenden sollte und erst, nachdem die Katze mit sehr viel Geduld daran gewöhnt wurde.

BEREICHERUNG DER UMGEBUNG

Man muss kein Vermögen hinblättern, um der Katze innerhalb der Wohnung die Möglichkeit zu bieten, alles auszuleben, was zu ihrem natürlichen Verhalten gehört. Ein wenig Überlegung und gute Planung genügt, um die Wohnung »katzengerecht« zu gestalten. Doch auch Katzen, die ins Freie können, müssen dort ihnen gerechte Bedingungen vorfinden. Eine öde Rasenfläche ist ein Stressfaktor und kann zu Verhaltensstörungen führen. Auch der Garten muss durch entsprechende Bepflanzung und Ausstattung »katzengerecht« angelegt sein.

Oben: *Innerhalb der Wohnung können Kratzbäume mit Liegeflächen in unterschiedlicher Höhe, Verstecke und Spielzeuge für eine katzengerechte Umgebung sorgen.*

Links: *Eine Katze wie einen Hund an die Leine zu nehmen kann ihr sehr unangenehm sein, denn sie hat keine Kontrolle und fühlt sich dadurch sehr verwundbar.*

Rassenmerkmale

Durch gezielte Zucht sind eine Reihe von Katzenrassen entstanden, die sich nicht nur im Aussehen unterscheiden, sondern sie haben auch typische Verhaltensmerkmale. Die Art der Aufzucht kann diese Merkmale verstärken oder abschwächen, doch wer eine Rassekatze erwirbt, sollte wissen, welche Merkmale für die jeweilige Rasse charakteristisch sind, um so den Bedürfnissen der Katze gerecht werden zu können.

ABESSINIER
Diese intelligenten, verspielten Abenteurer mögen Menschen und sind amüsante Hausgenossen, die gerne kleine Tricks lernen. Sie können laut und ungestüm sein, doch ihre Stimmen sind angenehm. Auf ihre Unabhängigkeit bedacht, fügen sie sich nicht gern in Haushalte mit mehreren Katzen.

BENGAL
Wunderschöne Katzen mit mittellangem, sehr schön gezeichnetem Fell, entstand diese Rasse aus der Verpaarung der zierlichen, wilden Asiatischen Bengalkatze mit indischen Hauskatzen. Anfangs vom Temperament her nicht unbedingt als Haustier geeignet, gibt es inzwischen Bengals, die sich gut sozialisieren lassen. Sie sind neugierig, zutraulich und freundlich. Da sie sehr klug sind, brauchen sie Gesellschaft und Zuwendung von Menschen, die ihre Intelligenz fordern und fördern.

BIRMAN
Die sanfte, verspielte, langhaarige Birman ist die Schoßkatze schlechthin. Sie ist sehr anhänglich und leidet darunter, wenn sie zu oft allein gelassen wird.

BRITISCH KURZHAAR
Die freundlichen, knuddeligen Katzen neigen ein wenig zur Faulheit. Da sie zugleich das Fressen lieben, setzen sie gern Gewicht an. Von ausgeglichenem Temperament, mögen sie menschliche Gesellschaft, ohne zu sehr darauf angewiesen zu sein, sind also liebenswerte, unkomplizierte Haustiere.

BURMA
Eine muskulöse, aktive, neugierige, intelligente, leicht gelangweilte Katze, die ein liebenswertes, geselliges Haustier abgibt, das aber Aufmerksamkeit braucht und sucht. Unterforderung kann sie so wenig leiden wie lange allein gelassen zu werden.

CORNISH UND DEVON REX
Ausgesprochene »Menschenfreunde«, stellen sie sehr anhängliche Wohnungsgefährten dar, die klug, neugierig und verspielt sind und die Gesellschaft von Zwei- oder Vierbeinern brauchen.

MAINE COON
Diese besonders großen Katzen lieben ihre Unabhängigkeit und brauchen viel Raum. Sie sind anhänglich, gesellig und gelehrig, aber keine Schoßkatzen. Das Richtige für Menschen, die Katzen mit hundeähnlichen Qualitäten mögen.

OCICAT
Auch dies ist eine Rasse mit hundeähnlicher Anhänglichkeit. Die gesellige Katze ist klug, aktiv und miaut viel. Sie braucht ständige Anregung, Gesellschaft

und Auslauf. Kleine Wohnungen sind nichts für sie, Alleinsein auch nicht.

PERSER
Wer die Geduld hat, ihr langes Fell in Ordnung zu halten, hat mit ihr ein liebenswertes, geselliges, verspieltes Haustier, das sich drinnen wie draußen wohl fühlt. Allerdings stehen Perser im Ruf, etwas ungeschickt zu sein.

RAGDOLL
Sie sind für ihre sanfte, tolerante Art bekannt, doch sollte man das nie für selbstverständlich nehmen. Sie lassen sich streicheln und knuddeln, aber zeigen auch, wenn sie davon genug haben. Intelligent und besonders lernfähig, brauchen sie weniger Raum als andere Rassen und sind relativ uninteressiert an der Jagd.

RUSSISCH BLAU
Sehr still und sanft, sind diese intelligenten Katzen scheu gegenüber Fremden, somit die ideale Einzelkatze der Singles. Da extrem ortstreu, mögen sie keine Veränderungen.

SIAM
Keine Gefährten für Menschen, die nicht wissen, dass sie die lautesten und temperamentvollsten unter den Katzen sind! Hoch aktiv, intelligent und gesellig, verlangen sie mit durchdringendem Miauen nach ständiger Aufmerksamkeit. Doch sie sind gelehrig und niemals langweilig.

TÜRKISCH VAN
Eine intelligente, freundliche Langhaarkatze, die das Wasser liebt und gern schwimmt! Als geselliger Kamerad lässt sie sich gern allerlei Tricks beibringen und apportiert sogar.

Rechts: *Die neugierige, lebhafte Burma ist ein liebenswertes Haustier, das menschliche Gesellschaft mag.*

Links: *Viele Rassenkatzen bestechen durch ihr schönes Aussehen, doch um Probleme zu vermeiden, sollte man sich kundig machen, welche Verhaltensweisen für die jeweilige Rasse typisch sind.*

Das ideale Heim

Um zu verhindern, dass eine Wohnungskatze Verhaltensstörungen entwickelt, muss man ihr ein breites Angebot an Möglichkeiten bieten, ihre natürlichen Anlagen auszuleben. Zu diesen Anlagen gehört beispielsweise auch die instinktive Notwendigkeit, das eigene Revier abzustecken und zu markieren, was der Halter niemals vergessen sollte.

Schlafen und ruhen

Die Vorfahren Ihrer Katze hielten sich meist nicht lange an einem Ort auf; das hätte ihre Feinde angelockt. Vielmehr wechselten sie ihre Schlafplätze regelmäßig, was auch den Vorteil hatte, dass sie weniger von Flöhen und Zecken geplagt wurden. Diese instinktive Angewohnheit schlägt bei vielen Hauskatzen durch, die sich einen Lieblingsplatz wählen, den sie wochenlang aufsuchen und dann plötzlich aufgeben, ohne je zu ihm zurückzukehren. Solche Katzen brauchen verschiedene Schlaf- und Ruheplätze, die sie je nach Lust und Laune nutzen können. Im Grunde braucht jede Katze die Möglichkeit, sich tief, mittelhoch und hoch gelegene Schlaf- und Ruheplätze zu suchen.

- Wenn Ihnen verknautschte Sachen, an denen Katzenhaare hängen, nichts ausmachen, lassen Sie die Türen von Kleider- und Garderobenschränken offen, damit sich die Katze dort Ruheplätze suchen kann.
- Lassen Sie locker über Betten geworfene Decken bis zum Boden reichen, damit die Katze unter dem Bett ein dunkles Versteck hat.
- Erlauben Sie der Katze, es sich auf den obersten Brettern von Bücherregalen und auf Schränken gemütlich zu machen, von hier hat sie einen guten Überblick.
- Platzieren Sie große offene Schachteln oder Kartons oben auf Schränken, im Flur oder auf Gängen und tackern Sie ein Zeitungsblatt als Vorhang vor die offene Seite. Solche Schachteln sind ideale Verstecke für scheue Katzen.
- Legen Sie einen ausrangierten weichen Pullover an ein sonniges Plätzchen oder eine weiche Decke vor den Kamin oder die Heizung.
- Stellen Sie Kartons oder große Papiertüten auf den Boden, in denen sich die Katze jederzeit kurzfristig verstecken kann, wenn ihr danach zu Mute ist.

Markierung muss sein

Katzen müssen ihr Revier markieren können, auch wenn es dem Menschen nicht gefällt. Das Sofa wird Kratzspuren bekommen, wenn es nahe der Haustür steht und es keinen anderen passenden »erlaubten« Gegenstand daneben gibt. Vorhänge werden zum Opfer, wenn durch das offene Fenster der Duft einer anderen Katze hereinweht. Die Wohnungskatze hat dann das angeborene Bedürfnis, »ihrem« Raum an dieser Eintrittspforte ihren eigenen Duft zu verleihen.

Es ist folglich ganz wichtig, der Katze an passenden Stellen verschiedene Kratzbäume zur Verfügung zu stellen oder zumindest etwas Ähnliches, an dem sie sichtbare Spuren hinterlassen kann. Über wertvolle Möbel, die an gefährdeter Stelle stehen, kann man alte Decken werfen. Eine Sisalmatte direkt hinter der Wohnungstür kann den dortigen Bodenbelag schützen, die Seitenrahmen der Tür kann man mit doppelseitig beschichtetem Klebeband abdecken, das Katzen nicht berühren mögen. In jedem Fall sollten Sie der Katze sowohl waagrechte als auch senkrechte Kratzflächen bieten.

SAUBERES KATZENKLO

Ein sauberes Katzenklo ist unerlässlich, doch sollten Sie keine Desinfektionsmittel und keine Duftstoffe verwenden. Ihnen mögen diese Düfte behagen – der Katze aber nicht! Entfernen Sie regelmäßig den Kot und die durch den Harn verklumpte Streu. Einmal wöchentlich sollte man die gesamte Streu erneuern und den Behälter reinigen.

Vor allem aber sollte man auch nicht zu exzessiv putzen und damit ständig die Düfte der Katze entfernen, die sie ja durch Kratzen und Entlangstreifen an den verschiedensten Stellen platziert. Sie verbessern mit weniger Putzen nicht nur das Wohlbefinden der Katze, Sie schützen auch Ihre Möbel.

Fressen und trinken

Erinnern Sie sich, dass für die Katze Trinken nichts mit Nahrungsaufnahme zu tun hat (siehe Seite 44–45). Experimentieren Sie und nutzen Sie den Unterhaltungswert, den beide Aktivitäten der Katze bieten. Weitere Tipps hierzu auf den Seiten 126 und 127.

Katzenklo

Ein Thema, bei dem vielen Haltern von Wohnungskatzen graue Haare wachsen, weil die Katzen das angebotene Klo nicht akzeptieren und unangemessene Verhaltensweisen an den Tag legen. Es ist ein Problem, für das es keine fertige Einheitslösung gibt.

Auf den Seiten 64 und 65 wurden verschiedene Arten von Streu vorgestellt, aber genauso wichtig ist die Art des Katzenklos und die Stelle, wo es steht. Ein geschlossener Behälter bietet der Katze die benötigte Privatsphäre, doch wenn sie ihn nicht von jung auf gewöhnt ist, wird sie ihn ablehnen. Die Gerüche sammeln sich stärker darin und manche Katzen fürchten sich, in eine Art dunkle Höhle zu kriechen, in der sie sich gefangen vorkommen. Ein offenes Katzenklo riecht weniger, doch die Katze bleibt sichtbar.

Stellen Sie den Behälter also möglichst an einen Ort, der der Katze Privatsphäre garantiert, der sich am Rand der Kernzone des Reviers der Katze befindet und dennoch leicht zugänglich ist.

Links: *Genügend Kratzbäume, die an geeigneten Stellen stehen, sind der beste Schutz vor Krallenspuren an Möbeln und Wänden.*

Ganz links: *Verstecke in Bodenhöhe unter Betten und Schränken oder in umgestülpten Kartons kommen auch dem instinktiven Bedürfnis nach dem Wechsel der Schlafplätze nach.*

Spiel und Sozialisierung

Langeweile und Frustration sind die beiden größten Feinde der Wohnungskatzen. Zum Glück kostet es weder Mühe noch viel Geld, der Katze eine interessante, abwechslungsreiche Umgebung zu schaffen. Wie auch Kinder den großen Karton, in dem ein Geschenk ankam, oft spannender finden als die Gabe selbst, kann man auch Katzen aus Dingen Spielzeuge basteln, die man normalerweise wegwerfen würde.

Links: *Ein laufender Fernseher kann junge Kätzchen ebenso faszinieren wie ein schlichter Wollknäuel. Man muss nur aufpassen, dass sich die Tiere nicht verletzen oder schädigen.*

Rechts: *Pflanzen Sie Katzenminze im Garten und Sie können beobachten, wie sich Ihr Liebling am Standort der Pflanze in offensichtlicher Verzückung am Boden rollt.*

Spielen oder nicht spielen?

Viele im Handel angebotene Spielzeuge scheinen dem Halter attraktiv, sind aber für die Katze uninteressant. Katzen ahmen im Spiel die Jagd nach, mögen also kleine, bewegliche Objekte, die sich schubsen und scheuchen lassen, die sie belauern und auf die sie springen können. Alles, was eine Maus ersetzen kann, hat Chancen, zum Lieblingsspielzeug zu avancieren – und sei es ein Korken, ein Stück Papierschlange, ein Stofffetzen oder eine Streichholzschachtel.

Das Spielzeug muss dem Jagdtrieb mit all seinen Aspekten ein Ventil bieten. Die Katze muss alles, was sie »gefangen« hat, zerfetzen dürfen – solange sie sich dabei nicht verletzt –, wie sie es mit der Jagdbeute tun würde. Bröckchen von Trockennahrung im Spielzeug zu verstecken ist eine freudige Überraschung für die Katze.

Beteiligt sich der Mensch am Spiel, so stärkt dies die sozialen Bande, was besonders für Wohnungskatzen wichtig ist. Ein Spielzeug an einer Schnur zu werfen oder vor der Katze pendeln zu lassen ist eine gute Möglichkeit, Katzen mit fremden Besuchern vertraut zu machen. Bei solchen Spielen hat die Katze die Kontrolle, kann den Abstand halten, den sie für ihr Sicherheitsgefühl braucht, oder auch fliehen. Auf diese Weise lassen sich Beziehungen festigen und die in der Wohnung gehaltene Katze hat doch Beschäftigung, die sie körperlich und geistig fordert. Wählt man aus einem Fundus von Spielzeugen immer mal wieder ein anderes, kommt keine Langeweile auf.

Freie Sicht

Auch für die Wohnungskatze spielt die Außenwelt eine nicht zu unterschätzende Rolle. Katzen brauchen natürliches Licht, und auf dem Fensterbrett zu sitzen und zu beobachten, was draußen vor sich geht, kann eine anregende Beschäftigung sein. Spannende Beobachtungsobjekte können ein vor dem Fenster hängendes Mobile, ein Windrad oder Papierfähnchen sein. Auch Vögel, die zum Vogelbad oder zum Futterhäuschen kommen, werden gern beobachtet, doch muss man die Fenster in jedem Fall gut geschlossen halten, damit die Katze nicht entwischen kann oder gar hinabstürzt. Auch muss man darauf achten, dass sie nichts sieht, was ihr Angst einflößen könnte.

KATZENMINZE

Ihre Katze kann von Katzenminze *(Nepeta cataria)* ganz hin und weg sein oder ihr völlig gleichgültig begegnen. In beiden Fällen ist alles in Ordnung mit ihr. Denn die Begeisterung für die Pflanze setzt eine genetische Veranlagung voraus, und sie stellt sich bei veranlagten Katzen erst mit der sexuellen Reife ein. Doch auch entsprechend veranlagte kastrierte Katzen können, wenn sie mit Katzenminze in Kontakt kommen, außer sich geraten, sich am Boden rollen und alles andere vollführen, was mit ihrem ererbten sexuellen Verhalten in Zusammenhang steht. Der Duft der Pflanze löst das »flehmen« aus (siehe Seite 17). Noch weiß man nicht genau, wie die Pflanze wirkt, doch scheint sie halluzinogene Stoffe zu enthalten.

Mehrkatzenhaushalte

Auch eine Einzelkatze kann verhaltensgestört sein, doch in Haushalten mit mehreren Katzen nimmt das Phänomen zu. In einigen Mehrkatzenhaushalten geht es harmonisch zu, doch unter der ruhig scheinenden Oberfläche können Spannungen herrschen, die periodisch zum Ausbruch kommen, weil sich die Katzen nicht wohl fühlen. Unabhängig von der Fürsorge des Halters trägt das ganz normale Verhalten der Katzen zu solchen Spannungen bei.

Schlechte Wahl der Individuen

Die wenigsten Menschen würden gern gezwungenermaßen auf engstem Raum mit fremden Menschen zusammenleben. Genau das aber muten wir unseren Katzen zu! Die Mitglieder von Mehrkatzenhaushalten sind meist nicht verwandte erwachsene Katzen, die der Halter willkürlich zusammenbringt. Es gibt gesellige Katzen, die sich mit anderen gut vertragen, andere sind eher Einzelgänger, arrangieren sich aber mit der Situation. Wieder andere finden sie absolut unerträglich, reagieren feindlich und werden deshalb (sehr zu Unrecht) als dominante Rabauken abgeurteilt.

Unrealistische Erwartungen

In der freien Natur bestimmen die Katzen selbst über die Zusammensetzung von Gruppen. Im Mehrkatzenhaushalt haben sie diese Möglichkeit nicht, sie werden, ohne darüber Kontrolle zu haben, willkürlich mit anderen Katzen zusammengebracht. So werden Zwangsgemeinschaften aus unterschiedlich sozialisierten Katzen gebildet, die alle ihren individuellen Charakter haben. Als Folge kann es sein, dass sie:

- Einander völlig ignorieren.
- Sich möglichst aus dem Weg gehen; ihre Reviere und was sie enthalten deutlich abgrenzen.
- Mit Hilfe der normalen Methoden der Katzenkommunikation so viel freien Raum zwischen sich halten wie möglich.

Kastrierte Katzen sind meist weniger aggressiv, was hilfreich sein kann. Doch leider sind wir diejenigen, die oft zu hohe Erwartungen haben. Wissentlich oder unwissentlich zwingen wir ihnen eine Situation auf, die ihrem natürlichen Verhalten völlig zuwiderläuft, weil wir nicht berücksichtigen, dass sie instinktivem Verhalten unterworfen sind, das sie nicht ändern können.

Zu hastige Bekanntmachung

Manche Katzen kämen besser miteinander aus, wenn sie mehr Zeit gehabt hätten einander kennen zu lernen. Man sollte sie also möglichst nicht plötzlich zum dauerhaften Zusammenleben zwingen, sondern langsam aneinander gewöhnen.

Zu wenig Platz

Oft sind Mehrkatzenhaushalte zusätzlich auch noch kleine Wohnungen, was den Stress der Katzen stark erhöht. Haben sie dann auch keine Ausweichmöglichkeiten durch Zugang zum Freien oder durch Aufsuchen weit oben gelegener Ruheplätze, ist massiver Ärger programmiert. Den Tieren viele Ausweichmöglichkeiten zu bieten ist eine Grundvoraussetzung, wenn man helfen möchte, den Stress abzubauen. Überlegen Sie sich gut, ob Sie in eine kleine Wohnung mehr als eine Katze aufnehmen wollen.

Mangel an Ausstattung

Halter mehrerer Katzen meinen oft, es sei ein Zeichen von Harmonie, wenn es nicht zu offenen Feindseligkeiten kommt. Als Beispiel nennen sie die Tatsache, dass die Katzen anstandslos denselben Fressnapf benutzen. Dabei übersehen sie aber völlig, dass die Katzen nacheinander zum Napf kommen und jeweils warten, bis die andere gefressen hat – es ist also weniger die Harmonie als vielmehr der Hunger, der sie an denselben Napf treibt.

Man erinnere sich, dass Katzen nur im äußersten Notfall zum Mittel des Kampfes greifen. Man sollte sich also immer vor Augen führen, wie man sich selbst in vergleichbarer Situation fühlen würde. Nur dann kann man verstehen, wie aufreibend es ist, unter Bedingungen zu leben, die den natürlichen Neigungen völlig zuwider laufen.

In jedem Fall ist es in einem Mehrkatzenhaushalt ganz wichtig, jeder Katze ihre eigene Ausstattung an Möglichkeiten zu bieten, ungehindert zu fressen, zu trinken und sich zu erleichtern.

Externe Stressfaktoren

Ist die lokale Katzenpopulation hoch, kann sich dies auch auf eine einzelne Wohnungskatze sehr stressreich auswirken, besonders wenn sie die anderen Katzen sehen, hören und riechen kann.

Links: *Zusammen aufgewachsene Geschwister tolerieren es leichter, wenn sie aus einem Napf fressen und trinken sollen.*

Unten: *Mehrkatzenhaushalte können funktionieren, wenn die Erwartungen der Halter realistisch sind.*

Links: *Katzengeschwister leben meist friedlich miteinander und putzen sich noch gegenseitig, wenn sie herangewachsen sind.*

Rechts: *Kommt ein Kätzchen in ein Heim, zu dem eine erwachsene Katze gehört, sollte man die beiden langsam und unter Kontrolle aneinander gewöhnen.*

Harmonie unter Katzen

So sehr wir uns auch bemühen mögen, es gibt keine Garantie für ein reibungsloses Funktionieren eines Mehrkatzenhaushalts. Doch wo die angeborenen Verhaltensweisen der Katzen respektiert, wo ihre individuellen Unterschiede beachtet und auf ihre jeweiligen Bedürfnisse einfühlend eingegangen wird, ist der Erfolg sehr viel wahrscheinlicher.

Katzen sorgfältig wählen

Der beste Beginn für den Aufbau eines Mehrkatzenhaushalts ist ein Geschwisterpaar. Früher dachte man, zwei ungleichgeschlechtliche Geschwister seien ideal, inzwischen meint man, dass zwei kastrierte Brüder friedlicher zusammen leben. Kätzinnen legen mehr Wert auf ein Revier, doch auch hier spielt die Individualität eine Rolle. Sind keine Geschwister zu bekommen, sollten Sie nicht verwandte Jungkatzen gleichen Alters zusammenbringen.

Während sie heranwachsen, putzen sich Jungkatzen gegenseitig und teilen den Fressnapf, den Schlafkorb und die Aufmerksamkeit des Halters. Doch wenn sie älter werden, entwickeln sie, ob verwandt oder nicht, mehr Unabhängigkeit und Individualität. Ihr Umgang mit den Katzen muss sich dem anpassen.

Möchten Sie eine zweite erwachsene Katze aufnehmen, ist es am besten, eine jüngere Katze des anderen Geschlechts zu wählen. Doch ziehen Sie alle auf der folgenden Seite aufgelisteten Punkte in Betracht. Fragen Sie sich vor allem, ob es der schon im Haushalt lebenden Katze gegenüber fair ist, eine weitere Katze aufzunehmen; sie möchte vielleicht lieber eine Einzelkatze bleiben.

Realistische Erwartungen

Möchten Sie einen Haushalt mit mehreren nicht verwandten erwachsenen Katzen aufbauen, sind folgende Punkte zu beachten:

- Schätzen Sie realistisch ein, wie viele Katzen der Innen- und Außenraum verträgt. Ist er zu klein für mehrere Katzen, machen Sie Kompromisse – die Katzen können es nicht.
- Wählen Sie Katzen, die mit hoher Wahrscheinlichkeit miteinander zurecht kommen. Katzen leiden, wenn man ihnen das Unmögliche aufzwingt.
- Richten Sie alles so ein, dass Sie sich um alle gleichermaßen kümmern können.
- Behandeln Sie jede Katze als Individuum, die ihr Revier und ihre eigene Ausstattung braucht.
- Bringen Sie die Katzen langsam, vorsichtig und mit Geduld zusammen. Zwang führt unweigerlich zu großen Problemen.

Verstecke sind ganz besonders wichtig, wenn Sie eine weitere Katze zu einer etablierten Katzengruppe bringen oder gleichzeitig zwei fremde Katzen aufnehmen. Ihnen außerdem getrennte Ausstattungen zu bieten, vor allem eigene Futter- und Wassernäpfe sowie getrennte Schlafgelegenheiten, ist unabdingbar notwendig.

Bedenken Sie immer: Sie mögen alle Ihre Katzen gleich lieben, aber Ihre Katzen werden niemals so empfinden.

Langsam bekannt werden

Fremde Katzen nach dem Motto »sie werden sich schon zusammenraufen« sich selbst zu überlassen ist schlicht dumm. Alle Katzen, die neu in einen Haushalt kommen, müssen sich erst einmal allein an die neue Umgebung gewöhnen. Dann erst kann man sie langsam zusammenbringen, indem man sie zunächst den Geruch der jeweils anderen Katze aufnehmen lässt. Danach erst lässt man es zu einer kurzen, überwachten, direkten Begegnung kommen. Diese langsame Zusammenführung ist ganz wichtig. Sollten die Katzen gar nicht miteinander harmonieren, muss man sie getrennt halten. Niemals sollte man es drauf ankommen lassen und fremde Katzen allein zusammen lassen.

HINTERHER

Selbst wenn alles gut geht, dürfen Sie die Bedürfnisse Ihrer Katzen niemals außer Acht lassen. Zwingen Sie sie nie zur Nähe bei Aktivitäten, für die sie ihren Privatraum brauchen. Denken Sie voraus und planen Sie genau, wenn Ereignisse bevorstehen, die die Harmonie stören können, etwa auch, wenn ein Besucher, ein neuer Partner, ein Baby ins Haus kommt. Sowohl Sie als auch die Katze haben viel zu verlieren, wenn wegen Ihrer Unachtsamkeit hier etwas schief läuft.

GESUNDHEIT UND KRANKHEIT

Nur eine gesunde Katze fühlt sich wohl. Mit Ihrer Fürsorge tragen Sie dazu bei, dass die Katze auch in vorgerücktem Alter bei guter Gesundheit ist, nicht zuletzt, indem Sie sie richtig füttern, dafür sorgen, dass sie Bewegung hat, geistig gefordert und regelmäßig vom Tierarzt untersucht wird. Impfungen und Präventivmaßnahmen schützen vor Krankheiten und inneren und äußeren Parasiten wie Würmern, Flöhen und Zecken. Gute Gesundheit und normales Verhalten gehen Hand in Hand; ist das eine aus der Balance, ist auch das andere negativ beeinflusst. Eine gute Ernährung und Gesundheitsvorsorge helfen, die Katze körperlich fit zu halten, doch das gesunde emotionale Gleichgewicht ist genauso wichtig.

Gesundheitscheck

Mit dem normalen Verhalten und Aussehen der Katze gut vertraut zu sein ist wichtig. Wer weiß, was und wie viel die Katze frisst und trinkt und was sie normalerweise tut, wird leicht feststellen, wenn es hier zu Änderungen kommt, die andeuten, dass etwas nicht stimmt.

Scheuen Sie sich nicht, Rat einzuholen, wenn Sie meinen, etwas sei nicht in Ordnung, auch wenn Sie nicht genau sagen können, was. Wer seine Katze wirklich gut kennt, wird spüren, dass etwas nicht stimmt, noch ehe die Anzeichen wirklich deutlich werden. Je eher der Tierarzt zu Rate gezogen wird, desto leichter ist die Behandlung, denn eine Erkrankung ist möglicherweise erst im Entstehen.

Krankheit droht immer

Leider kann es bei der Katze – wie beim Menschen – in jedem Bereich des Gesamtsystems zu pathologischen Veränderungen kommen. Manche Krankheiten können in jedem Lebensalter ausbrechen, andere sind typische Altersbeschwerden. Außerdem haben die verschiedenen Rassen für sie typische Erkrankungen, die oftmals mit den charakteristischen Merkmalen dieser Rasse einhergehen. So neigen Perserkatzen zu Nierenerkrankungen, die Amerikanisch Kurzhaar ist anfällig für Herzmuskelerkrankungen, die Devon Rex neigt zu Krämpfen und so weiter.

Hilfe naht

Zum Glück hat die Veterinärmedizin große Fortschritte gemacht. Nicht nur werden Krankheiten besser erkannt und erfolgreich medikamentös behandelt, auch chirurgische Eingriffe glücken öfter als früher. Außerdem stehen mehr diätetische und andere Therapien zur Verfügung. Auch die neuen Erkenntnisse der Verhaltensforschung sind hilfreich, sowohl um Krankheiten zu vermeiden, als auch um mit der kranken Katze besser umzugehen. Der falsche Umgang mit Katzen kann zu Fettleibigkeit führen, auch zu Zwangsneurosen sowie zu Erkrankungen der ableitenden Harnwege (FLUTD = feline lower urinary tract disease).

Oben: *Die gesunde Katze hat leuchtendklare Augen, ist aufmerksam und agil. Wer mit dem normalen Verhalten und Aussehen der Katze gut vertraut ist, erkennt sofort, wenn etwas nicht stimmt.*

Rechts: *Man sieht einer Katze an, wenn sie krank ist. Möglicherweise tränen die Augen oder das Fell ist matt und struppig. Dann sollte man sie zum Tierarzt bringen.*

Auch ist es nicht ungewöhnlich, dass sich Verhaltensstörungen entwickeln oder schon vorhandene Verhaltensstörungen verschlimmern, wenn ein gesundheitliches Problem auftritt. Leider ist gerade die Verhaltensstörung dann Auslöser dafür, dass Menschen die kranke Katze abgeben oder gar einschläfern lassen.

Verhaltenstraining (der Katze wie des Halters!) kann hier vorbeugen und das gespannte Verhältnis zwischen Halter und Katze wieder normalisieren. Die Dienste eines spezialisierten Verhaltenstherapeuten in Anspruch zu nehmen kann sich also durchaus lohnen.

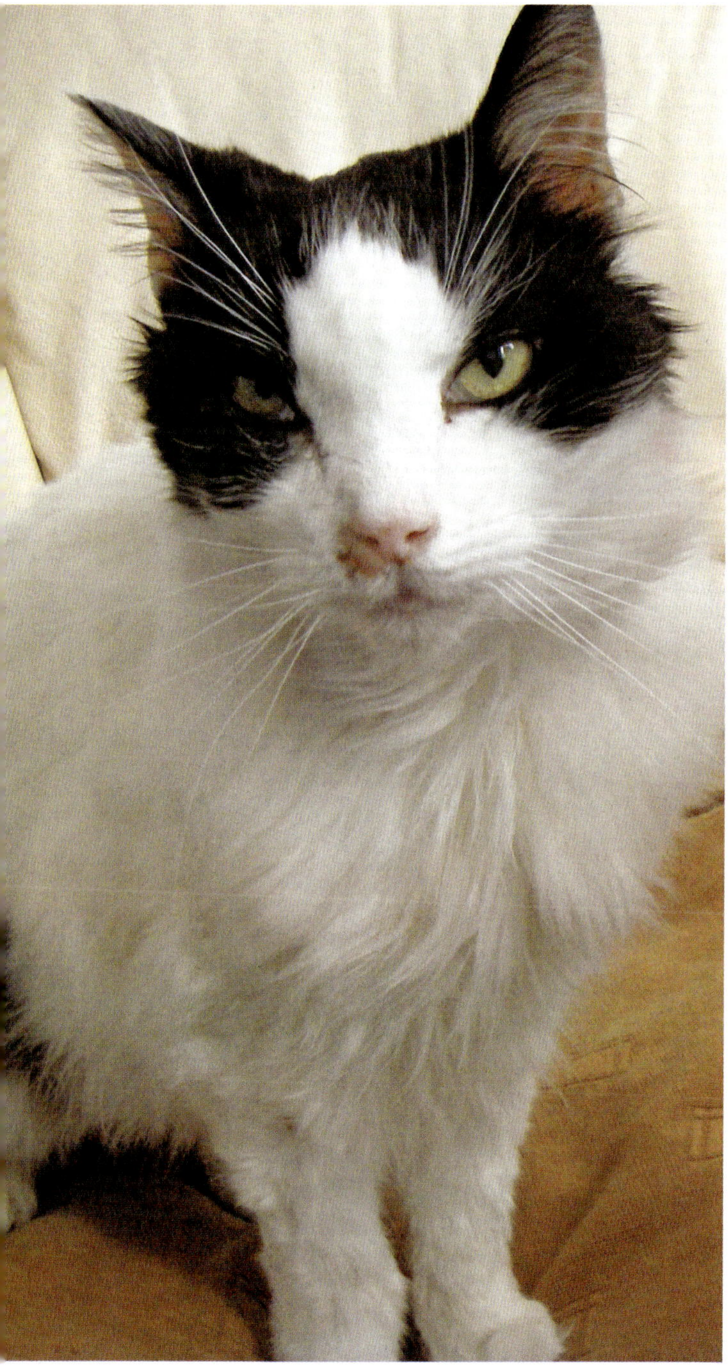

DER KATZE GEHT ES GUT, WENN:
- Ihre Augen klar sind – keine Rötung, Schwellung oder Absonderungen vorliegen.
- Ihre Nase feucht und sauber ist.
- Das Fell glänzend und glatt ist – ohne kahle Stellen oder Haarverlust.
- Ihr Appetit normal ist – sie weder Nahrung verweigert noch nach mehr bettelt.
- Ihr Durst normal ist – sie weder mehr noch weniger trinkt.
- Ihr Gewicht stabil ist – sie weder ab- noch zunimmt.
- Sie aufmerksam und agil ist und sich normal bewegt – sie nicht hinkt, lahmt oder Ähnliches.

DIE KATZE MUSS ZUM TIERARZT, WENN:
- Ihre Augen trüb oder gerötet, die Lider geschwollen sind oder sich Absonderungen zeigen.
- Ihre Nase trocken, verkrustet oder triefend ist.
- Ihr Fell stumpf und struppig ist, kahle Stellen oder massiven Haarverlust zeigt.
- Ihr Appetit deutlich ab- oder zunimmt und andere Anzeichen hinzukommen.
- Ihr Durst zunimmt oder sie anderes trinkt als gewöhnlich.
- Sie lethargisch ist, sich versteckt, mehr schläft als gewöhnlich, kein Interesse an üblichen Aktivitäten zeigt.
- Speichel aus ihrem Mund tropft, sie nur auf einer Seite kaut, die Pfote oft zur Schnauze führt.
- Sie offensichtlich Schmerzen hat, wenn man sie berührt.
- Sie hustet, niest, sich erbricht.
- Sie schwer atmet, Durchfall oder Verstopfung hat, nur mühsam Urin lassen kann.
- Sie verwirrt oder desorientiert scheint, das Gleichgewicht verliert, zusammenbricht, Krämpfe hat.

ODER WENN SIE:
- Eine Schwellung bemerken, ein Humpeln, eine Steifheit, eine blutende Wunde.
- Eine unerklärliche Verhaltensänderung bemerken.

Fettleibigkeit als Verhaltensproblem

Egal wie alt Ihre Katze auch sein mag, eine gute Ernährung ist wichtig für ihre Gesundheit. Jede Katze hat, was das Fressen anlangt, ihre Vorlieben, während sie anderes verschmäht, und Ihnen macht es gewiss Freude, sie zu verwöhnen. Doch den Schwächen der Katze nachzugeben kann ein tödliches Wohlmeinen sein.

BEDÜRFNISSE ÄNDERN SICH

Dass eine gute Ernährung der körperlichen Fitness dient, wissen wir alle. Weniger bekannt ist, dass Unterernährung dem Lernen und dem Gedächtnis der Katzen schadet. Bekommen Kätzchen und Jungkatzen nicht alle die Nährstoffe, die sie während ihrer Entwicklung brauchen, wird sich auch ihr Verhalten nicht so optimal entwickeln, wie es sein könnte. Ältere Katzen können ihre mentalen Fähigkeiten einbüßen, wenn sie nicht die für ihr Alter angemessene Ernährung bekommen.

Die altersgemäße Ernährung kann eine ausschlaggebende Rolle dabei spielen, die Katze gesund zu halten und Verhaltensauffälligkeiten einzudämmen. Ihr Tierarzt ist die beste Auskunftsquelle zu allen Fragen, die die beste Ernährung für Ihre Katze betreffen.

ZUNEHMENDE FETTLEIBIGKEIT

Ebenso wie bei den Menschen beobachtet man auch bei den Hauskatzen immer häufiger ein besorgniserregendes Übergewicht, denn die Gesundheitsrisiken sind für fettleibige Katzen denen ähnlich, die auch übergewichtigen Menschen drohen. Und auch die Gründe des Problems sind identisch: zu viele Kalorien und zu wenig Bewegung. Ein ungünstiger Lebensstil lässt sich bei Menschen wie Katzen als Auslöser ausmachen. Das Angebot an verlockenden, zum direkten Konsum vorbereiteten Nahrungsmitteln ist größer denn je – auch das Angebot an Katzennahrung. Und wir Menschen neigen mehr und mehr dazu, unseren Haustieren durch kleine Leckerbissen unsere Zuneigung zu zeigen.

WARUM NEHMEN KATZEN ZU?

Der Verdauungsapparat der Katzen ist schlecht ausgestattet, um mit Giftstoffen oder verdorbener Nahrung umzugehen. Allerdings riechen und schmecken sie, wenn Nahrung verdorben ist. Das heißt, sie meiden, was nicht in Ordnung ist, und fressen, was frisch riecht.

Katzen, die in freier Wildbahn leben und sich von dem ernähren müssen, was sie erjagt haben, können nicht wählerisch sein. Anders Katzen, die bei einem liebevollen Halter leben. Ohne zu wissen, was sie da anstellen, verwöhnen sie ihr Haustier gern mit einem Angebot an immer neuen Geschmacksrichtungen. Es sind dieselben Halter, die missverstehen, was die Katze beabsichtigt, wenn sie eng an den Beinen des Halters entlang streift und grüßend schnurrt, sobald er in die Küche kommt. »Das Tier freut sich auf das Fressen«, denken sie und füllen sofort den Fressnapf, dabei wollte die Katze lediglich etwas Aufmerksamkeit.

Links: *Es obliegt dem Halter, darauf zu achten, dass die Katze gesund bleibt und nicht durch Überfütterung mit Leckerbissen zu dick wird.*

Ganz links: *Auch in den Katzenpopulationen kommt Fettleibigkeit immer öfter vor, und die damit verknüpften Probleme sind denen beim Menschen ähnlich.*

Frisst die Katze dann nicht, was sie hingestellt bekommt, wird vermutet, sie möge den Geschmack nicht oder das Fressen sei nicht mehr frisch; es wird also entsorgt und der Katze wird etwas anderes hingestellt. Obendrein sind die Portionen meist zu groß.

Ein weiterer oft gemachter Fehler besteht darin, die Katze zu loben und mit Aufmerksamkeit und Spiel zu belohnen, wenn sie ihren Napf sauber leergefressen hat. Die Katze lernt rasch, dass sie nur zu fressen braucht, um unsere Zuwendung zu kriegen – also frisst sie.

Und es gibt noch weitere Aspekte des Problems:

- Katzen neigen dazu »auf Hungersnot« alles zu fressen, was sich ihnen bietet (auch wenn es ihr Körper gar nicht braucht), weil morgen Mangel herrschen könnte.
- Sehr schmackhaftes Fressen überlistet die normalen Regulative der Katze. Sie fressen mehr, als sie brauchen – wie Menschen mit der Tüte Chips.
- Manche Katzen fressen aus Frust, weil die durch Nahrungsbestandteile ausgeschütteten Endorphine (Glückshormone) helfen, Stress abzubauen.
- In der stressreichen Situation eines Mehrkatzenhaushalts bedrängen die Mutigeren die Scheueren oft, die dann bei sich bietender Gelegenheit zu viel fressen.

GESUNDHEITSRISIKEN

Übergewichtige Katzen leiden oft an:

- Lethargie, Mangel an Bewegungsfreude
- Herz-Kreislauf-Erkrankungen
- Diabetes
- Hohem Blutdruck
- FLUTD (siehe Seite 128)
- Arthritis
- Verringerter Lebensqualität

Schlankheitskur für Katzen

Um dem Problem der Überfütterung beizukommen, muss man wissen, wie das normale Fressverhalten einer Katze aussieht. Zuerst muss man sich von dem Gedanken lösen, Fressen habe für Katzen etwas mit Geselligkeit zu tun. Das stimmt für Hunde und Menschen, denn sie sind Rudeltiere, aber nicht für die einzelgängerische Katze.

NATÜRLICHES VERHALTEN

In der Natur nehmen Katzen täglich mehrere mausgroße Portionen zu sich, für die sie hart arbeiten müssen. Man schätzt, dass Wildkatzen 100 bis 150 Jagdversuche unternehmen, von denen nur etwa 10 Prozent erfolgreich sind. Sie haben also 10 bis 15 Mahlzeiten, die zwar kalorienreich sind, doch die vorausgegangene Jagd hat auch viel Energie verbraucht; der Haushalt ist also ausgeglichen.

Je mehr wir beim Füttern der Katze diesen natürlichen Fressgewohnheiten nahe kommen, desto gesünder wird die Katze sein. Auch in Betracht ziehen müssen wir Aspekte wie Ängstlichkeit und Spannungen, woher auch immer sie rühren mögen.

FÜTTERUNGSPLAN

Ehe Sie irgendwelche Änderungen einführen, fragen Sie den Tierarzt nach der besten Ernährung für Ihre Katze. Bleiben Sie dann bei dieser Art der ausgewogenen Ernährung. Trockenfutter ist praktisch, weil es nicht abgestanden und unappetitlich wird, nur die darin enthaltenen Öle verdunsten.

Halten Sie die Annäherungen Ihrer Katze nicht für die Bitte um Futter. Wenn Sie sich nicht sicher sind, was die Katze will, spielen Sie zunächst mit ihr, streicheln Sie sie, kämmen Sie das Fell. Wenn sie darauf eingeht, haben Sie ins Schwarze getroffen.

Haben Sie mehrere Katzen, stellen Sie für jede in ihrem jeweiligen Kernbereich einen Fressnapf auf, zusätzlich einen für allgemeine Abwechslung für alle. Schließlich können sie drei weitere Dinge tun, die sich gut ergänzen:

- Sorgen Sie dafür, dass die Katze mehr Bewegung hat.
- Lassen Sie sie für ihre Nahrung »arbeiten«.
- Machen Sie das Fressen zum Vergnügen.

Durch diese Maßnahmen regen Sie die geistige Tätigkeit der Katze an, ein Aspekt der Umweltbereicherung, von dem vor allem Wohnungskatzen sehr profitieren. Im Laufe der Zeit werden Sie für Ihre Katze eigene Ideen entwickeln, hier seien lediglich ein paar Anregungen gegeben, wie Sie die Lust Ihrer Katze an Streifzügen erhöhen können:

- Verstecken Sie an verschiedenen Stellen kleine Nahrungsportionen.
- Legen Sie Spuren aus Bröckchen von Trockennahrung entlang eines langen Flurs oder in einem Zimmer.
- Verwenden Sie im Handel erhältliche

Spielzeuge, in denen man Nahrung verstecken kann, oder stellen Sie sie selbst aus kleinen Plastikflaschen her.
- Machen Sie gelegentlich mit Thunfisch, Leber oder Huhn gefüllte kleine Päckchen aus Butterbrot- oder Reispapier, die sie baumelnd an einen Stock binden, so dass die Katze sie »fangen und töten« kann, wie sie es mit lebendiger Beute täte. Solche Leckerbissen helfen, Frustration abzubauen.

Fördern Sie die Aktivität und den Spieltrieb der Katze, indem Sie kleine Leckerchen an ungewöhnlichen, immer neuen Stellen verstecken – unter kleinen, sauberen Blumentöpfen, in Papier oder Gaze gewickelt in Pappschachteln (meiden Sie aber Schachteln aus Farbpapier oder mit bunten Aufdrucken, die Farben könnten giftige Schwermetalle enthalten), in Schachteln, in die Sie Löcher geschnitten haben. Verteilen sie diese Verstecke auf der Treppe im Haus oder auf den verschiedenen Plattformen des Kratzbaums oder an anderen Stellen.

Solche »Spielereien« sind auch nützlich, um das Zutrauen einer scheuen, neu in den Haushalt gekommenen Katze zu gewinnen. Und auch kleine Kinder können auf diese Art sicher mit einer Katze spielen, indem sie das Leckerchen verstecken und dann beobachten, wie die Katze es findet und damit umgeht.

Links: *Sind Sie nicht sicher, was Ihre Katze will, versuchen Sie es erst mit Fellpflege und Spielen, ehe Sie ihr Futter geben.*

Rechts: *Statt eines übervollen Fressnapfs sollten Sie der Katze mehrere kleine Portionen an verschiedenen Stellen anbieten; das fördert die Lust an Streifzügen, beugt Langeweile vor und ist somit ein Mittel im Kampf gegen das Übergewicht.*

Erkrankungen der ableitenden Harnwege

Diese meist kurz FLUTD genannten, komplexen Erkrankungen befallen mehr Katzen, als wir wissen. Die Diagnose ist nicht einfach. Viele Spezialisten meinen, sie seien idiopathisch (von sich aus entstanden), andere sehen vor allem zwischen der idiopathischen Cystitis (FIC) und Stress eine Verbindung. In jedem Fall ist es wichtig dafür zu sorgen, dass die Katze nicht an Stress leidet.

DIE ANZEICHEN

Veterinäre und Verhaltensforscher arbeiten zusammen bei der Erforschung von Therapien für diese Erkrankungen, die oft nur durch eine Verhaltensänderung der Katze erkannt werden.
Bei der idiopathischen Cystitis (FIC) kommt es zu einer schmerzhaften Entzündung der inneren Blasenwand. Betroffene Katzen putzen dann oft den Unterbauch und die Schenkelinnenseiten so intensiv, dass es dort zu charakteristischen kahlen Stellen kommt. Andere setzen an ungewöhnlichen Stellen kleinen Mengen Harn ab, da sie die Schmerzen beim Harnen mit dem Katzenklo assoziieren oder dem jeweiligen Ort, den sie zuletzt benutzen. Das führt dazu, dass sie überall im Haus ihre Pfützen hinterlassen, was die Halter auf die Palme bringt. Ihre verärgerte Reaktion verschlimmert aber das Problem.

WER IST BETROFFEN?

Ängstliche Kätzinnen und Kater sind anfälliger als selbstbewusste Tiere, dabei sind Perser und schwarzweiße Katzen überproportional häufig betroffen. Am gefährdetsten unter ihnen sind Katzen die:

- Trockenfutter bekommen
- Nicht genügend trinken
- Mittleren Alters sind
- Übergewichtig sind
- Zu wenig Bewegung haben
- Reine Wohnungskatzen sind
- Zu einem Mehrkatzenhaushalt gehören

Schlecht sozialisierte Katzen, die ihre emotionalen Spannungen »in sich hineinfressen«, statt aktiv zu reagieren, sind ebenso betroffen wie Katzen, die unter Dauerstress leiden. Chronischer Stress scheint dem Problem aber eher zu unterliegen als ein ängstliches Wesen, auf das Rücksicht genommen wird. Doch kann auch ein einzelnes, großen Stress induzierendes Ereignis Auslöser sein, etwa ein Wohnungswechsel, das Hinzukommen eines neuen Haushaltsmitglieds (menschlich oder tierisch), eine lang anhaltende Schlechtwetterphase, die einem Freigänger nicht erlaubt, nach draußen zu gehen, und Ähnliches. Man darf sich aber nicht nur auf diese Aspekte konzentrieren, man muss das gesamte Umfeld der Katze im Auge haben, um eine Veranlagung der Katze erkennen zu können. Wer sich unzureichend in die Katze hineindenkt, kann dem leidenden Tier nicht die Hilfe bieten, die es braucht.

DIAGNOSE UND BEHANDLUNG

Es gibt keinen spezifischen Test für FIC, die Diagnose besteht im Ausschluss

anderer Auslöser von FLUTD wie Infektionen, Steine oder Tumore, die durch Röntgen-, Ultraschall- und Harnuntersuchungen entdeckt werden. Die Behandlung zielt auf Schmerzlinderung und den Schutz der entzündeten Blasenschleimhaut. Wichtig ist die Ausschaltung aller Stressfaktoren, oder die Krankheit bricht wieder aus.

WAS KANN MAN TUN?

Genau analysieren, was den Stress der Katze auslösen könnte. Zu fragen ist Folgendes:

- Welche Sozialisierung hatte die Katze – hat sie in der Jugend zu wenige oder zu stark ängstigende Erfahrungen gemacht?
- Ist sie ein ins Haus genommenes »zugelaufenes« Tier?
- Welche genetische Veranlagung hat sie?
- Herrscht zu viel Umtriebigkeit (häufige Besuche) im Haushalt?
- Hat die Katze genügend Möglichkeiten, ihre natürlichen Bedürfnisse auszuleben, sich zu verstecken und Stresssituationen zu meiden?
- Lebt sie in einem Mehrkatzenhaushalt, der nicht jeder Katze eine eigene Ausstattung bietet?
- Wird sie innerhalb oder außerhalb des Hauses von anderen Katzen eingeschüchtert?

Sind alle beitragenden Stressfaktoren erkannt, muss man Sorge tragen, sie auszuräumen und, vielleicht mit Hilfe eines professionellen Katzentrainers, der betroffenen Katze helfen, besser mit ihrem Leben zurechtzukommen. Natürlich liegt es auf der Hand, dass Vorbeugung immer besser ist als Heilung.

Oben: *Manche Katzen, darunter Rassen mit schwarzweißem Fell, haben ein größeres Risiko an FLUTD zu erkranken. Bei ihnen muss man besonders darauf achten, dass sie keinem der auslösenden Faktoren ausgesetzt werden.*

Links: *Auch Perser und übergewichtige Katzen sind besonders gefährdet und leiden leicht an Erkrankungen der ableitenden Harnwege.*

ALLTÄGLICHES UND AUSSERGEWÖHNLICHES

Jede Veränderung im Umfeld der Katze kann ihr emotionales Gefüge aus dem Gleichgewicht bringen. Seien es neue Möbel, sei es außergewöhnlicher Lärm, seien es neu ins Haus kommende Menschen oder Tiere, seien es neue Gerüche. All solche Störungen können kurzfristig sein, und wenn sie vorbei sind, ist alles vergessen. Doch wenn es sich um permanente Veränderungen handelt, kann die Katze Mühe haben, ihr Gleichgewicht wieder zu finden. Dann kann es zu Verhaltensstörungen kommen. Die meisten Probleme lassen sich mit etwas Umsicht vermeiden, wir müssen nur darauf achten, angemessene Konditionen zu schaffen, die der Katze helfen, mit dem Neuen zurande zu kommen.

Der Katze das Leben erleichtern

Wir lieben unsere Katzen, sind aber auch gern mit anderen Menschen und Haustieren zusammen. Wir haben Hobbys, und die meisten müssen für ihren Beruf täglich die Wohnung verlassen. Bei fast allem, was wir tun, haben wir eine Wahl, ein Luxus, über den unsere Haustiere nicht verfügen. Sie müssen es nehmen, wie es kommt, und sich damit bestmöglich abfinden.

Manchmal ist das Leben schwer

Nur zu oft wissen die Halter gar nicht (oder übersehen völlig), wie sehr das tägliche Kommen und Gehen ihre Katze beeinflusst. Vor allem Wohnungskatzen sind davon stark in Mitleidenschaft gezogen. Müssen sie den knappen Raum auch noch mit anderen Katzen teilen, wird es umso schwieriger für sie.

Katzenhalter müssen unbedingt zur Kenntnis nehmen, dass Stress und Spannungen im Mittelpunkt fast aller Probleme mit ihren Katzen stehen. Wer Katzen hält, ist es ihnen schuldig, alles zu tun, was ihnen das Leben erleichtert und Probleme gar nicht erst entstehen lässt. Gibt es aber Probleme, muss man die Auslöser herausfinden und rasch und effektiv handeln. Zum Beispiel:

- Zieht sich die Katze deutlich zurück (was öfter geschieht, als man meint), wird leicht vermutet, alles sei in Ordnung.
- Beginnt die Katze sich übermäßig zu putzen oder leidet sie an einer Harnwegserkrankung, ist eher emotionaler Stress die Ursache als eine Infektion.
- Beginnt die Katze übermäßig enthusiastisch zu reagieren, sollte man das nicht für Freude halten; manche aggressiven Katzen und solche mit Zwangsstörungen reagieren auf diese Weise auf Stress.

Vernachlässigung

Um unseren täglichen Verantwortungen und häuslichen Aufgaben nachzukommen, folgen wir einer gewissen Routine.

Links: *Katzen brauchen Verstecke. Wenn sie sie aufsuchen, kann es putzig wirken, doch es kann auch ein Zeichen von Angst und Stress sein. Das Verhalten richtig zu interpretieren hilft der Katze.*

Rechts: *Schon Jungkatzen haben Lieblingsdecken, auf denen sie gern schlafen, weil ihnen der vertraute, beruhigende Eigenduft entströmt.*

Ohne böse Absicht vernachlässigen wir unsere Katzen, wenn wir uns auf unser hektisches Leben konzentrieren. Um das Wohlbefinden der Katze zu garantieren, müssen wir aber alles im Blick behalten, was ihr Leben innerhalb und außerhalb ihres Heims betrifft – und zwar aus Sicht der Katze.

Nehmen Sie sich Zeit, um sich vorausschauend auszumalen, wie sich Veränderungen auf die Katze auswirken werden. Indem Sie sich die Verhaltensweisen der Katze vergegenwärtigen, können Sie erahnen, wie groß ihre Fähigkeit und Bereitschaft ist, sich Neuem anzupassen.

Stressreduzierung

In zwei Bereichen ist immer mit Veränderungen zu rechnen: Im Wohnbereich, wo Sie Ihrem eigenen täglichen Leben mit all seinen Turbulenzen nachgehen und wo von Zeit zu Zeit Renovierungsarbeiten, Neuausstattungen und Ähnliches anfallen, sowie im Außenbereich, der sich bis in den Innenbereich hinein auswirken kann. Hier können und müssen Sie Schritte unternehmen, um der Katze das Leben zu erleichtern.

Im Wohnbereich

Folgendermaßen können Sie vermeiden, dass die Katze durch Ihre häusliche Tätigkeit unter Stress gerät:

- Bringen Sie die Katze in einen anderen Raum, ehe Sie den Staubsauger, den Mixer, die Bohrmaschine oder ein anderes, Lärm verursachendes Gerät einschalten.
- Entfernen Sie beim Putzen nicht regelmäßig alle Duftmarkierungen von Möbeln, Küchengeräten usw., das verunsichert die Katze.
- Waschen Sie nicht alle Kissen, Decken und anderen Textilien, auf denen die Katze gern ruht, gleichzeitig. Lassen Sie ihr jeweils ein paar davon, damit sie vertraute Gerüche um sich hat.
- Haben Sie Freunde besucht, die ebenfalls Katzen halten, bedenken Sie, dass Sie nach diesen Katzen riechen und Ihre Katze deshalb denkt, eine fremde Katze sei in ihren Kernbereich eingedrungen..
- Verhalten Sie sich am Wochenende gegenüber der Katze nicht anders als an Wochentagen, denn alle Änderungen, etwa der Fütterungs-, der Schmuse- und Spielzeit können die Katze verunsichern.
- Kommen Sie mit Einkaufstüten, Reisekoffern, Ihren Sportutensilien und Ähnlichem nach Hause, bringen Sie damit immer auch fremde Gerüche in den Bereich der Katze. Stellen Sie solche Sachen entweder sofort in einen verschließbaren Schrank oder werfen Sie eine Decke, auf der die Katze eben noch geruht hat, über alles, was neu in den Wohnbereich kommt, damit es vertraut riecht.

PROBLEME DURCH UMGESTALTUNG

Alle im Haus vorgenommenen Umgestaltungen, zumal in einer kleinen Wohnung, wirken sich auf die Katze aus. Werden deckenhohe Einbaumöbel gewählt, so wird die Katze sowohl um ihre hoch gelegenen »Beobachtungsstationen« auf Schränken und Regalen als auch um ihre Verstecke unter den Möbeln gebracht. Bietet man ihr nicht rechtzeitig strategisch positionierte Alternativen – etwa durch Kratzbäume –, kann es unnötigen Stress für die Katze geben, der sich in Verhaltensstörungen ausdrückt.

Besonderheiten im Wohnbereich

Das Umstellen von Möbeln verändert das Gesicht einer Wohnung. Eine nervöse Katze kann schon auf das Verrücken eines einzelnen Stücks mit vermehrter Markierung reagieren. Das heißt nicht, dass man als Katzenhalter nichts mehr in seiner Wohnung verändern darf, aber man muss der Katze Möglichkeiten bieten, mit der Veränderung umzugehen.

Vor allem Renovierungsarbeiten gehen mit großen Turbulenzen und bleibenden Veränderungen einher, die nicht zuletzt die Duftmarken der Katze übertönen. Besonders für reine Wohnungskatzen stellt das eine starke Belastung und Verunsicherung dar. Sie sollten also möglichst schrittweise vorgehen und der Katze bei jedem Schritt ein ihr vertrautes Sanktuarium bieten, in dem sie sich sicher fühlt. Wo das nicht möglich ist, wäre zu überlegen, ob man sie in eine Katzenpension gibt, bis sämtliche Arbeiten erledigt sind. Danach bringt man sie dann so vorsichtig wie möglich in die erneuerte Umgebung zurück.

Bauarbeiten sind natürlich ebenso verwirrend für die Katze, wenn nicht noch schlimmer, da sie ja meist zusätzlich mit Lärm verknüpft sind, etwa wenn Wände eingerissen werden. Ebenso schwer erträglich ist es, wenn sich ein Stück des Außenbereichs verändert, etwa eine Terrasse angelegt wird. All das sind gravierende Störungen, die auch die geduldigste Katze buchstäblich aus dem Häuschen bringen.

Selbst Gäste, die einige Tage bleiben, können für die Katze einen Stressfaktor darstellen, zumal, wenn diese Gäste selbst Katzenbesitzer sind, die den Geruch ihrer Tiere mitbringen. Es kann sehr hilfreich sein, die Gäste, bevor sie kommen, um ein ungewaschenes Kleidungsstück zu bitten, das sie direkt auf der Haut getragen haben und das folglich nach ihnen riecht. Lässt man die Katze in der Nähe ihres Futternapfs oder in Verbindung mit ihrem Lieblingsspielzeug den neuen Duft aufnehmen, erreicht man eine positive Einstimmung. Kommen die Gäste dann, verfährt man wie oben mit den Einkaufstüten etc. beschrieben und bringt all ihre Sachen so rasch wie möglich ins Gästezimmer.

Im Außenbereich

Auch Störungen, die außerhalb des Wohnbereichs auftreten, können für Wohnungskatzen irritierend sein, zumal, wenn sie ihnen nicht ausweichen können, etwa weil die Wohnung sehr klein ist und ungewöhnlicher Lärm im Treppenhaus herrscht oder durchdringende fremde Gerüche es durchziehen. Auch Freigänger sind durch ungewöhnliche und unerwartete Ereignisse in ihrer Umgebung leicht gestresst. Eine der wichtigsten Quellen der Irritation sind natürlich andere Katzen.

Ziehen Nachbarn mit einer Katze ein, kann es zwischen den Tieren zu Revierstreitigkeiten kommen. Die neuen Gerüche können durch offene Fenster oder Türen sogar zu reinen Wohnungskatzen hineingeweht werden und auch bei einem Blick durchs Fenster kann eine andere Katze entdeckt werden. Locken sie eine neue Nachbarkatze nie in das Revier ihrer eigenen Katze und achten Sie darauf, dass sie möglichst nicht in den Bereich Ihrer Katze eindringen kann.

Ehe Sie auf eigene Faust Maßnahmen ergreifen, sprechen Sie mit den Nachbarn, die ja mit denselben Problemen konfrontiert sind wie Sie. Gemeinsam können Sie Strategien entwickeln, die für beide Tiere hilfreich sind, etwa indem Sie gemeinsam darauf hinwirken, dass die Tiere sich möglichst aus dem Weg gehen können. Stellen Sie an Wohnungsfenstern, auf der Terrasse oder im Garten Sichtblenden auf, hinter denen sich Ihre Katze verbergen kann. Sollte gegen den Neuankömmling nichts helfen und Ihre Katze sich vor ihm fürchten, müssen Sie versuchen, den Übertritt auf Ihr Grundstück unattraktiv oder schwierig zu machen, etwa indem Sie einen dichteren Gartenzaun, eine höhere Gartenmauer anbringen, Schlupflöcher am Zaun abdichten. Kommt die fremde Katze auf das Dach Ihrer Garage, decken Sie diese mit unattraktivem Material wie etwa borstigen Kokosmatten ab. Verwenden Sie aber nichts, woran sich die fremde Katze verletzen könnte.

Feuerwerk, Sirenen, schwere Stürme und Ähnliches sind ebenfalls Ereignisse, die Katzen sehr beunruhigen. Sind Sie selbst vorgewarnt, holen Sie einen Freigänger unbedingt rechtzeitig ins Haus. Bringen Sie die Katze in den Raum, in dem sie am wenigsten von den Ereignissen draußen mitbekommen wird. Dort sollte sie ein vertraut riechendes, gemütliches, dunkles Versteck haben. Eine wachsende Zahl von Haustieren entwickelt Lärmphobien, weil sie nicht rechtzeitig vor den genannten Ereignissen geschützt wurden.

Rechts: *Eine Wohnungskatze kann durch eine andere Katze irritiert werden, die sie lediglich durch das Fenster beobachtet.*

Oben: *Spielzeug, das einer scheuen Katze vom Besucher quasi an der langen Leine hingehalten wird, ist ideal, um langsam eine Beziehung aufzubauen.*

Rechts: *Ein gemütlicher Ruheplatz in einem weichen, transportablen Korb ist ideal für scheue Katzen. Man kann ihn so aufstellen, dass die Katze aus dieser vertrauten Höhle heraus den Besucher erst einmal beobachten kann.*

Wohlmeinende Fremde

Die meisten Menschen bekommen gern Besuch. Sind wir selbst Katzenfreunde, besteht eine gewisse Wahrscheinlichkeit, dass unsere Freunde und Familienmitglieder, die zu Besuch kommen, ebenfalls Katzen mögen. Das aber kann leider den Effekt haben, dass sie sich unserer Katze für deren Geschmack viel zu abrupt und zu aufdringlich nähern.

Schützen Sie Ihre Katze

Manchmal ist es nicht leicht, die Katze vor der wohlmeinenden Zuwendung eines zu Besuch gekommenen Katzenfreundes zu schützen. Wie stark Sie zum Wohle Ihrer Katze eingreifen müssen, hängt natürlich von den Persönlichkeiten beider Betroffenen ab, doch Ihrer Katze muss der Vorrang gelten. Nicht nur könnte die Ihrer Katze unerwünscht aufgezwungene Zuwendung auch das Vertrauen zwischen Ihnen und Ihrer Katze unterhöhlen, es könnt auch sein, dass die Katze mit uncharakteristischer Aggression reagiert und den Besucher verletzt.

Eine Katze, die erst neu ins Haus gekommen ist und sich noch nicht völlig eingewöhnt hat, fühlt sich sehr verunsichert, wenn sie zu genau fixiert wird. Doch auch eine scheue Katze, die bei ihrer Sozialisierung nicht auf engen Kontakt mit Menschen vorbereitet wurde, mag nicht gern genau beobachtet werden.

Vorsichtige Annäherung

Repräsentiert der Besucher eine Gruppe, mit der Ihre Katze (noch) nicht vertraut ist, sei es, was das Geschlecht, das Alter, die ethnische Zugehörigkeit, die typische Kleidung oder Ähnliches anlangt, müssen Sie ganz besonders im Interesse der Katze handeln. Auch eine mutige Katze muss vorsichtig an den Gast, zumal an kleine Kinder, herangeführt werden, will man unerwünschte »Ausrutscher« der Katze vermeiden.

- Lassen Sie nicht zu, dass ein Gast der Katze seine Zuwendung aufzwingt.
- Erlauben Sie nicht, dass die Katze verfolgt wird, wenn sie wegläuft und/oder sich versteckt.
- Lassen Sie nicht zu, dass mit einem Jungtier zu lange gespielt wird und es nicht zum Schlafen kommt.
- Stellen Sie sicher, dass die Bereiche, in denen Sie mit Ihren Gästen zusammenkommen, nicht mit denen überlappen, die Ihre Katze aufsuchen, muss um zu ihren Bereichen (Fressnapf, Schlafplatz, Katzenklo) zu kommen.

Kluge Schachzüge

Bringen Fremde Ihre Katze leicht aus dem Gleichgewicht, müssen Sie dafür sorgen, dass sie Versteckmöglichkeiten hat, von wo aus sie die Besucher beobachten kann. Machen Sie Ihren Gästen klar, dass sie nichts überstürzen dürfen, dass Ihre Katze eher zutraulich wird, wenn man ihr Zeit lässt. Katzen haben ein gutes Gedächtnis: Haben sie mit jemandem schlechte Erfahrungen gemacht, werden sie ihn immer meiden.

Sind Ihre Besucher Stammgäste im Haus, sollten Sie Ihre Katze gründlich, aber langsam mit ihnen vertraut machen. Eines der Hilfsmittel sind Spielzeuge »an der langen Leine«. Geben Sie dem Besucher eine Angel, an der ein Spielzeug hängt, oder Weinkorken an einer Schnur, die sie der Katze entgegenrollen können, oder Ähnliches. Die Katze entscheidet dann, ob sie kommen und spielen will.

Haben Sie mehrere Katzen, lassen Sie den Gast mit der mutigsten spielen und überzeugen Sie ihn, dass es nicht gut ist, die scheuste »aus der Reserve zu locken«, wie es manche unverständige Leute nur zu gern tun möchten.

DIE LAGE MEISTERN

Der Katze in einem stillen Raum, etwa im Gästezimmer, im Büro oder in Ihrem Schlafzimmer (falls sie dort hinein darf), einen sicheren Rückzugsort zu gestalten, wird ihr helfen, mit der Situation fertig zu werden.

- Schaffen Sie ihr in diesem Raum eine komplette Umgebung, in der sie alles für ihre Bedürfnisse vorfindet.
- Ordnen Sie alles passend an, vor allem Fressnapf, Wasser und Katzenklo müssen stresslos erreichbar sein.
- Tragen Sie möglichst viele vertraute Dinge zusammen, um die Kontinuität zu wahren.
- Setzen Sie im Handel erhältliche Pheromonprodukte ein, die helfen können, die Spannung der Katze abzubauen (siehe Seite 52).

Besondere Ereignisse

Katzen reagieren empfindlich auf Ereignisse, die mit Änderungen in ihrem Umfeld verknüpft sind. Wer seine Katze gut kennt und ihr natürliches Verhalten einkalkuliert, kann viel tun, um ihr in Zeiten, in denen es anders zugeht als normalerweise, die Veränderung so erträglich wie möglich zu machen. Ein wenig Vorausschau und Einfühlungsvermögen ist freilich schon nötig.

Oben: *Einige Katzen mögen Weihnachten so sehr wie ihre Halter, andere sind irritiert durch die Änderungen in der täglichen Routine und die Einbrüche in ihr Revier.*

Rechts: *Ist die Katze mit ihrer Transportbox von jung auf vertraut, verringert das den Stress, wenn sie sie etwa für den Gang zum Tierarzt aufsuchen muss.*

Feiern und Feste

Wir geben Partys und feiern Feste, bei denen es manchmal laut und ausgelassen zugeht. Uns gefällt das, den Katzen meist nicht, vor allem, wenn schon die Vorbereitungen:

- Einfälle in ihr Revier bedeuten
- Mit Lärm verbunden sind
- Ihnen den Zugang zu Bereichen abschneiden, die ihre üblichen Rückzugsecken sind

Für Wohnungskatzen sind solche Ereignisse besonders schlimm, doch auch Freigänger leiden, wenn sie des Wetters wegen nicht nach draußen ausweichen können und das Fest selbst mit einem Feuerwerk, lauter Tanzmusik oder Ähnlichem verknüpft ist. Denken Sie an Ihre Katze! Sind schon die Vorbereitungen turbulent und wird es bei dem Fest selbst hoch hergehen, braucht Ihre Katze einen abgeschiedenen Raum, in dem sie Ruhe hat. Vielleicht sollte man sie sogar für die Dauer des Festes in eine Katzenpension geben.

Rund um die Transportbox

Ob es auf eine kurze oder lange Reise geht, der Stress beginnt meist schon, wenn die Katze in die Transportbox soll. Da Katzen die Box meist nur zu Gesicht bekommen, wenn es zum Tierarzt oder in die Katzenpension geht, verknüpfen sie unangenehme Erfahrungen mit ihr. Es ist deshalb sehr empfehlenswert, die Box zu einem Refugium zu machen, das die Katze mit Geborgenheit und Schutz assoziiert, etwa indem sie immer offen und sichtbar an einem gemütlichen, warmen Ort steht, eine nach der Katze riechende weiche Decke enthält und von der Katze jederzeit als Ruhe- und Schlafplatz aufgesucht werden kann. Wenigstens einige Tage vor einer bevorstehenden Reise sollten sie folgendes tun:

- Hängen Sie die Tür der Box aus, damit der Zugang immer frei ist.
- Legen Sie eine Lieblingsdecke und ein Spielzeug hinein.
- Legen Sie eine Spur aus Leckerbissen, die zur Box und in sie hinein führt.
- Füttern Sie die Katze in der Nähe der Box.
- Spielen Sie mit der Katze in der Nähe der Box.

Tun Sie all dies rechtzeitig, wird sich die Katze an die Transportbox gewöhnen und sie nicht fürchten. Damit lösen Reisen und Gänge deutlich weniger Stress aus.

Die eigentliche Reise

Am Tag der Reise können Sie der Katze den Aufenthalt in der Box erträglicher machen, indem Sie kleine Baumwolltücher hineinlegen, mit denen Sie zuvor das Gesicht der Katze abgewischt haben. Der Eigengeruch wirkt beruhigend. Oder sprühen Sie nach Anweisung des Herstellers Pheromone hinein. Decken Sie die Box dann mit einem Tuch ab, damit es dunkel darin ist, denn Katzen beruhigen sich leichter, wenn es dunkel ist. Gute Luftzufuhr muss natürlich gewährleistet bleiben und es darf nicht zu heiß in der Box werden, wenn die Außentemperatur hoch ist. Aus diesem Grund sind Transportkörbe aus Weidengeflecht empfehlenswerter als Plastikboxen.

Achten Sie beim eigentlichen Transport darauf, dass die Box gut verschlossen bleibt, und reisen Sie, wenn irgend möglich, zu Zeiten, in denen wenig Verkehr herrscht, um alle Hektik auszuschließen. Dauert die Reise lange, müssen Sie der Katze zwischendurch Gelegenheit geben, sich zu bewegen, zu fressen, ausreichend zu trinken und sich zu erleichtern. Nehmen Sie also alles Nötige mit und seien Sie übervorsichtig. Gerade unterwegs entwischen Katzen leicht und es mag sich als unmöglich erweisen, sie wieder einzufangen. Am Ziel angekommen, sollten Sie der Katze Zeit lassen, sich zu erholen, ehe Sie sie aus der Transportbox nehmen.

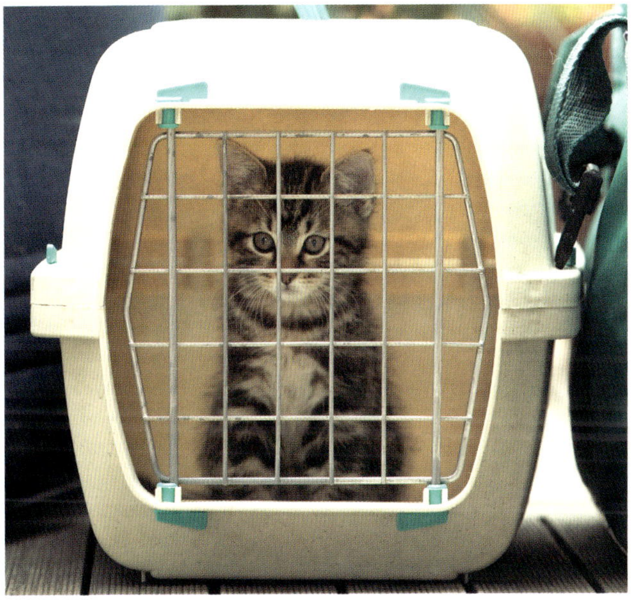

IN DER TRANSPORTBOX

Auf Folgendes müssen Sie achten, wenn die Katze in der Box ist:

- Dass sie nicht darin herumrutscht; verankern Sie die Decke.
- Dass es nicht zu laut ist.
- Dass es nicht zu hell ist.
- Nehmen Sie der Katze den Ausblick, wenn Sie zum Tierarzt oder in die Katzenpension gehen. Der Anblick von anderen Katzen oder von Hunden erzeugt unnötigen Stress.

Vergessen Sie nicht, dass die Katze in der Box gefangen ist, was für die meisten Katzen an sich schon ein Stress erzeugendes Ereignis ist.

Der Gang zum Tierarzt

Vielleicht hat Ihre Katze das Glück, zur »Kindergarten«-Generation zu gehören (siehe Seite 89), für die der Gang zum Tierarzt ein Vergnügen ist. Falls nicht, gibt es eine Reihe von Dingen, die Sie tun können, um den Stress, der damit verbunden ist, möglichst gering zu halten.

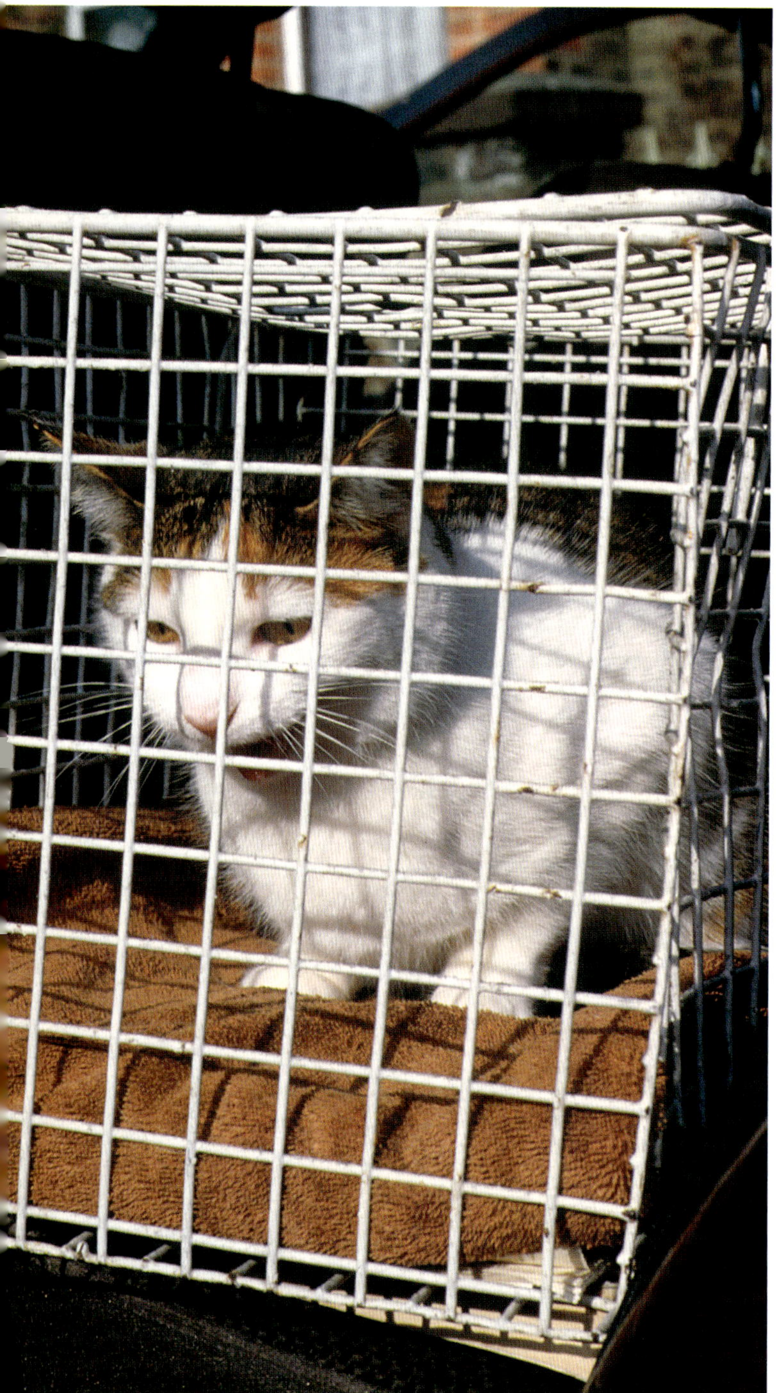

Stressminimierung

Gestalten Sie die Fahrt zum Tierarzt umsichtig (siehe Seite 138–139) und beachten Sie Folgendes:

- Informieren Sie den Arzt schon bei der Anmeldung über besondere Eigenarten Ihrer Katze.
- Versuchen Sie selbst möglichst ruhig zu sein; sind Sie hektisch, überträgt es sich auf die Katze. Machen Sie sich Notizen zu den Fragen, die Sie stellen wollen.
- Öffnen Sie während der Zeit im Wartezimmer niemals die Transportbox, um die Katze zu streicheln. Es ist eine Stresssituation für sie und sie könnte entwischen.
- Sprechen Sie mit monotoner, beruhigender Stimme mit der Katze.
- Legen Sie eine ihrer Lieblingsdecken auf den Behandlungstisch, ehe Sie die Katze aus der Box nehmen.
- Wenn es der Arzt erlaubt, reichen Sie der Katze während der Routineuntersuchung von ihren liebsten Leckerbissen, um positive Assoziationen aufzubauen.

Müssen Sie nach der Untersuchung noch auf ein Rezept oder Ähnliches warten, ist es von Vorteil, die Katze schon ins Auto zu bringen; dort ist es ruhig und sie kann sich besser erholen als im Kommen und Gehen der Praxis. Kommen Sie nach Hause zurück, machen Sie kein Buhei um die Katze, weil Sie selbst besorgt sind. Tun Sie lieber so, als ob überhaupt nichts gewesen wäre, und folgen Sie der ganz alltäglichen Routine.

Klinikaufenthalt

Ist die Katze ernstlich krank oder durch einen Unfall schwer verletzt und muss zur Beobachtung oder Behandlung in die Tierklinik, empfiehlt es sich, ihr eine Decke dazulassen, die ihren Eigengeruch verströmt.

Sofern es das Klinikpersonal zulässt, legen Sie die Katze selbst in ihre Behandlungsbox. Wenn es erlaubt ist, besuchen Sie die Katze und bringen Sie jedes Mal etwas mit, was nach der Katze riecht; es wird beruhigend wirken. Beteiligen Sie sich – soweit erlaubt – an den Behandlungsmaßnahmen. Ist die Katze verletzt, darf aber fressen, reichen Sie ihr beim Besuch kleine Leckerbissen, sofern der Tierarzt nichts dagegen einzuwenden hat.

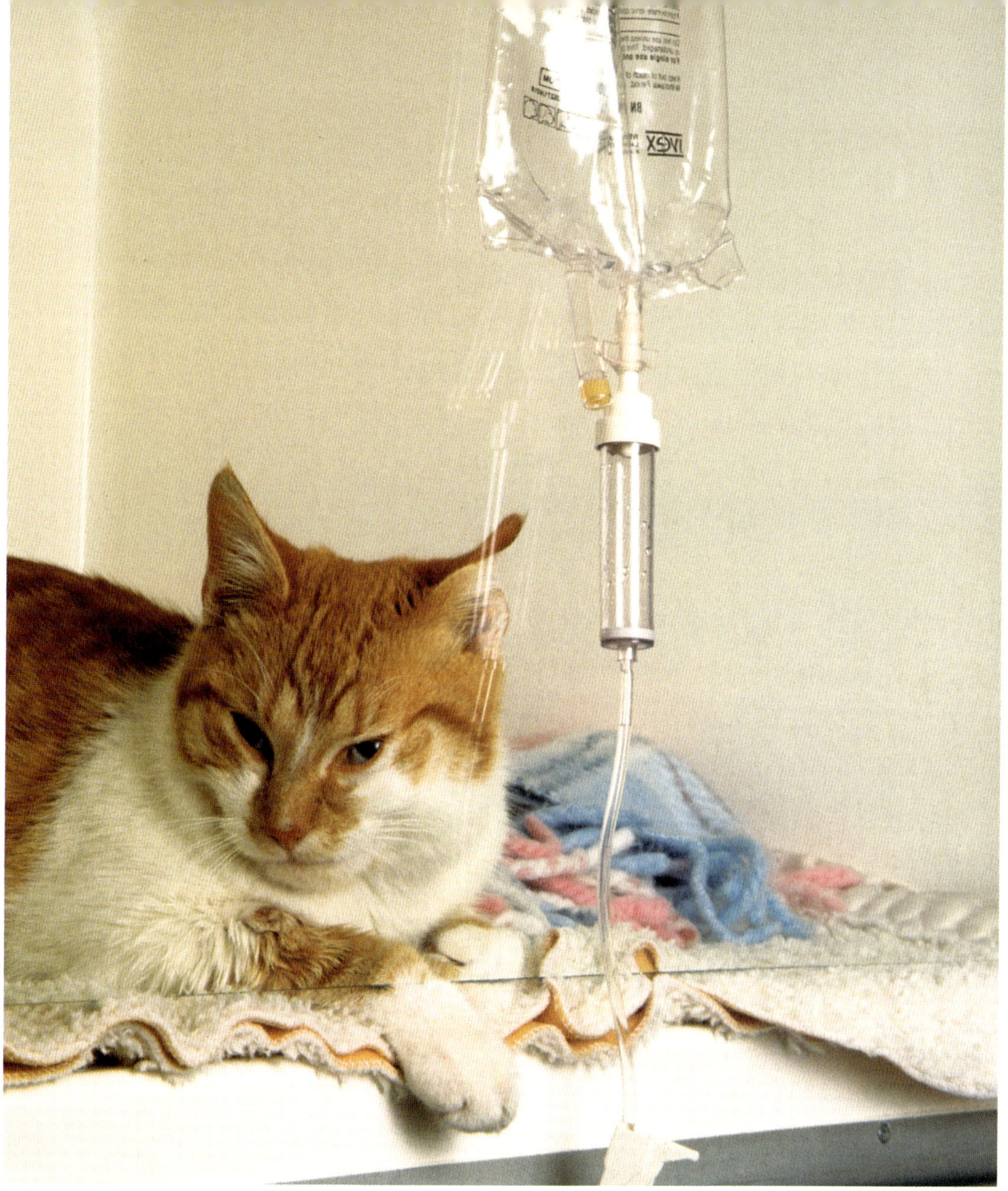

Links: *Ein Aufenthalt in der Tierklinik ist für Katze und Halter Stress pur. Ein paar Gegenstände, die vertraut riechen, können da sehr beruhigend wirken.*

Ganz links: *Sorgen Sie dafür, dass der Gang zum Arzt für die Katze nicht zu aufregend wird, etwa indem Sie den Transportkorb mit einer Decke auskleiden, auf der die Katze schon oft gelegen hat.*

KEINE NÖTIGUNG
Drängen Sie sich Ihrer Katze nicht auf. Sie richten leicht Schaden an, wenn Sie Ihre emotionalen Bedürfnisse über die der Katze stellen. Kommt die Katze nach Hause zurück, könnte es sein, dass sie Ihnen aus dem Weg geht, weil sie sich zu sehr bedrängt fühlte.

Wieder zu Hause

Die Rückkehr nach einem Aufenthalt in der Tierklinik muss sorgfältig vorbereitet werden, vor allem, wenn die Katze länger weg war und eine schwere Zeit hinter sich hat. Richten Sie der Katze einen ruhigen Raum her, in dem sie von Menschen und anderen Tieren unbehelligt ist und sich alles nach ihren Bedürfnissen richtet. Die Katze braucht über ihr Tun und Lassen die Kontrolle, drängen Sie ihr nichts auf, aber verschaffen Sie ihr ungehinderten Zugang zu allem, was für sie nötig ist.

Es könnte nach längerem Klinikaufenthalt sogar nötig sein, die Katze so zu Hause einzuführen, als wäre sie ein neues Familienmitglied. Das gilt umso mehr, wenn es noch andere Katzen oder Tiere im Haushalt gibt. Die aus der Klinik kommende Katze riecht vielleicht anders als vorher; dadurch kann es zu Problemen, ja Feindseligkeiten mit einer anderen zum Hause gehörenden Katze kommen, mit der die kranke Katze vorher in bestem Einvernehmen lebte. Vorausschau und gute Planung ist das beste Rezept gegen Probleme.

Befolgen Sie immer die Anweisungen des Arztes und suchen Sie seinen Rat. Besser, er hält Sie für eine Nervensäge, als dass es der Katze schlecht geht!

Ferien und Katzenpensionen

Wenn die Ferienzeit naht, stellt sich regelmäßig die Frage: Wohin mit der Katze? Mitnehmen, in eine Katzenpension oder zu Freunden geben, einen Katzensitter ins Haus kommen lassen? Das Wohl Ihrer Katze muss bei der Entscheidung die Hauptrolle spielen.

Oben: *Katzen leiden sehr, wenn ihre Halter bei einem Umzug zu wenig an ihre Bedürfnisse denken.*

Rechts: *Eine Katze während eines Umzugs oder der Ferien in die sichere Obhut einer guten Katzenpension zu geben ist eine gute Wahl.*

Das Beste für die Katze

Sie könnten versucht sein, Ihre Katze – sofern das möglich wäre – bei längerer Abwesenheit mitzunehmen. Doch bedenken Sie, dass die Katze dabei ihr gesamtes bekanntes Umfeld verliert und sich bei der Rückkehr auch im alten Umfeld erst wieder einleben muss, was zweifachen größten Stress bedeuten würde. Ist Ihre Katze sehr reviertreu, wäre es besser, sie würde unter fremder Aufsicht (Verwandte, Nachbarn, Freunde, Katzensitter) im alten Umfeld bleiben, bis Sie zurückkommen.

Eine Katzenpension wäre die richtige Wahl für eine Katze, die menschliche Gesellschaft schätzt und mit anderen Katzen zurechtkommt. Erkundigen Sie sich bei anderen Katzenhaltern und/oder dem Tierarzt nach einer empfehlenswerten Pension und machen Sie dort vorher einen Besichtigungsrundgang.

Bekanntheit mindert Stress

Stellen Sie sicher, dass die Katze während Ihrer Abwesenheit möglichst viele ihr bekannte Dinge um sich hat und ihre Routine aufrechterhalten bleibt. Stehen der Katze schwierige Zeiten bevor, etwa ein Aufenthalt in der Tierklinik oder Katzenpension, ein Umzug, der Wegzug vertrauter Menschen, sollte man, soweit das möglich ist, vorsorgen und die Katze auf die Situation vorbereiten. Erhalten bleiben sollten:

- Die Zeiten, wann die Katze frisst, spielt, schläft, sich putzt und erleichtert. Je weniger Änderungen, desto wohler fühlt sich die Katze.
- Eine Auswahl an Einrichtungen ihres Bedarfs, damit die Katze das Gefühl hat, die Kontrolle zu haben.
- Ein persönlicher Kernbereich, in den nichts Fremdes eindringen kann.

Nichts gibt einer Katze so viel Sicherheit wie vertraute Gerüche. Muss sie ihren angestammten Bereich zeitweise verlassen, geben Sie ihr ihre Decken, Tücher, Kissen, Spielzeuge und Fressnäpfe mit, ohne diese vorher zu waschen oder zu spülen, es sei denn, strikte Hygienevorschriften zwingen Sie dazu. Geben Sie ihrer Katze außerdem auch ungewaschene T-Shirts, Handtücher, Pullis von Ihnen selbst mit. Verpacken Sie diese Gegenstände in gut schließende Plastiktüten – am besten einzeln vakuumverpackt – damit sich der Geruch lange hält. Von Zeit zu Zeit gibt man der Katze eines der Teile, damit sie den Geruch schnuppern kann. Bei Ihrer Rückkehr kann Ihre Katze den alten Kontakt zu Ihnen leichter wieder aufnehmen.

Reiben Sie vor einer Ortsveränderung, sei sie temporär oder dauerhaft, das Gesicht der Katze vorsichtig mit kleinen Baumwolltüchern ab; sie nehmen dann den Eigengeruch der Katze an. Verpacken sie diese Tücher in Plastiktüten und wischen Sie damit in Katzenhöhe Möbel und Gegenstände des neuen Aufenthaltsortes der Katze ab. Kommt die Katze dann, riecht die neue Umgebung bereits etwas vertrauter. Das ist ganz besonders wichtig, wenn ein drastischer Ortswechsel mit komplett neuer Umgebung bevorsteht, wie etwa ein Wohnungswechsel (siehe unten), der für jede Katze immer einen besonders großen Stress darstellt.

Bleibt die Katze in ihrem Umfeld, soll aber während Ihrer Abwesenheit von »fremden« Menschen versorgt werden, bereiten Sie sie ebenfalls durch Geruchsproben dieser Menschen auf diese neuen Betreuer vor.

Gehen Sie bei all diesen Gewöhnungsmaßnahmen immer schrittweise und planvoll vor, sei es, dass Sie zu Ihrer Katze zurückkehren, die in ihrer Umgebung blieb, oder die Katze in ihre alte Umgebung zurückkommt. In beiden Fällen muss sie Zeit haben, sich wieder einzugewöhnen.

Wohnungswechsel

Ein Umzug stellt für fast alle Katzen eine Katastrophe dar – in die dann zwangsläufig auch der Halter hineingezogen wird, wenn die Katze Verhaltensstörungen entwickelt. Neben den oben erwähnten Vorbeugungsmaßnahmen gilt es zu bedenken, dass schon die Umzugsvorbereitungen, etwa das Packen der Kisten, das Möbelrücken, der Lärm, das Kommen und Gehen fremder Menschen, Stress pur für die Katze sind.

Besteht innerhalb des Hauses oder der Wohnung keine Möglichkeit, die Katze in einem eigenen Raum abzusondern, der alles enthält, was sie braucht – vor allem auch um zu verhindern, dass sie durch offene Fenster oder Türen entwischt –, sollte man sie in eine Pension oder zu Freunden/ Verwandten bringen. Sowohl dort als auch am neuen Wohnort sollte man dann alles beachten, was weiter oben ausgeführt wurde.

Erweiterung des Haushalts

Katzenhalter sind ganz normale Menschen, die leben und lieben wie andere Menschen auch, also Ehen oder Partnerschaften eingehen und Kinder bekommen. In ihrem Glück und Überschwang gehen sie oft davon aus, dass ihre Katzen Erweiterungen der sozialen Gruppe ebenso begeistert begrüßen wie sie selbst. Leider passiert es aber sehr viel öfter, dass Katzen auf solche Veränderungen mit irritierenden Verhaltensweisen reagieren.

Zusätzliche Haustiere

Für eine Katze ist es der blanke Horror, wenn sich zwei Tierfreunde gefunden haben, die sich in einer Partnerschaft mit gemeinsamer Wohnung zusammentun und damit auch ihre jeweiligen Tiere zu engem Zusammenleben zwingen. Entweder dringen fremde Menschen und/oder Tiere in ihren Kernbereich ein oder sie muss sich an eine neue Umgebung mit vielen fremden Bewohnern gewöhnen. Wird dieser Wandel nicht sehr langsam und vorsichtig vollzogen, sind Probleme vorprogrammiert.

Damit alles klappt

Egal, ob Sie eine Katze in einen Haushalt bringen, in dem es schon eine oder mehrere Katzen gibt, die ihre Reviere behaupten, oder ob die Katze in ihrem Kernbereich mit Zuzüglern konfrontiert wird, zu beachten ist immer dasselbe:

- Bereiten Sie die Umgebung vor, indem Sie dafür sorgen, dass jede Katze ihre eigenen Sachen zur Befriedigung all ihrer Bedürfnisse hat.
- Machen Sie die Tiere zunächst langsam mit den Gerüchen des anderen vertraut, ehe Sie sie zusammenbringen.
- Setzen Sie weder die Tiere noch sich unter Druck; haben Sie Geduld.
- Machen Sie von allen Maßnahmen zum Stressabbau Gebrauch, beschäftigen Sie die Tiere ausreichend, füttern Sie sie gut und setzen Sie nach Bedarf Pheromone ein (siehe Seite 52).

Vor allen Dingen müssen Sie realistisch sein und dürfen keine Wunder erwarten. So sehr Sie sich auch bemühen, manche Katzen vertragen sich einfach nicht miteinander. Zwingen Sie die Katzen dann nicht zum Zusammenleben. Es ist besser, eines der Tiere wegzugeben, als alle leiden zu lassen.

Rechts: *Vorausschau und sorgfältige Planung sind der Schlüssel zum Erfolg, wenn man den Haushalt erweitern möchte.*

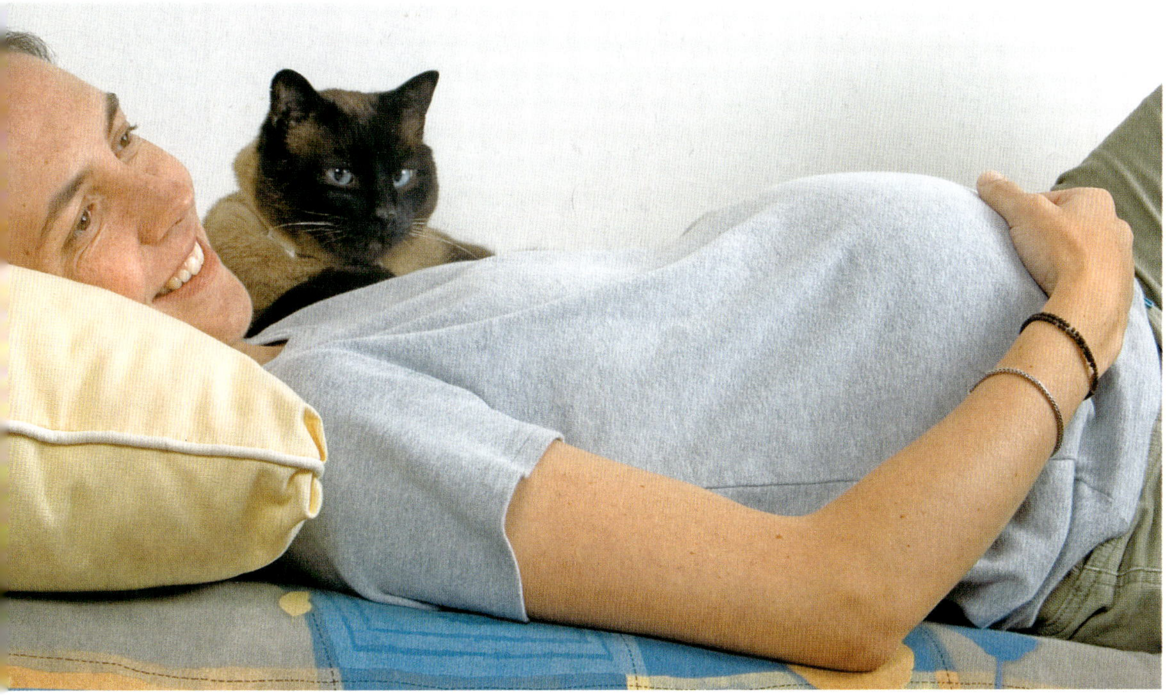

***Links:** Familienzuwachs, für Sie eine Freude, für die Katze der blanke Horror. Stimmen Sie sie also vorsichtig auf die Veränderung ein!*

Hunde

Eine Katze, die in ihrer frühen Jugend bereits Erfahrungen mit Hunden gesammelt hat, tut sich leichter, wenn sie später das Heim mit einem Hund teilen muss. Ob ein Zusammenleben zwischen Katze und Hund gelingt, hängt letztlich von den Charakteren der Tiere ab sowie von der Einfühlung der Menschen, die über alles die Oberaufsicht haben. Überstürzen und erzwingen Sie nichts, stellen Sie sicher, dass Ihre Katze die Kontrolle über ihr Revier behält, was bedeuten kann, dass der Hund von gewissen Bereichen strikt fern gehalten werden muss. Zuletzt gehört auch ein bisschen Glück dazu.

Zweibeinige Zuzügler

Das wohl aufregendste Ereignis für Menschen ist die Ankunft eines Babys. Nicht nur das Leben der werdenden Eltern wird auf den Kopf gestellt, auch die Welt der Katze wird sich dadurch grundlegend ändern. Es beginnt schon damit, dass die künftige Mutter, die zuvor vielleicht täglich zur Arbeit ging, plötzlich ganztägig zu Hause bleibt. Dann kommen fremd riechende neue Gegenstände ins Haus, die das Geruchsprofil des Heims verändern. Vielleicht wird ein Raum, der der Katze bisher als Rückzugsort diente, plötzlich zum Sperrgebiet, weil hier nun das Kinderzimmer eingerichtet wird. Die Beziehung zwischen der Katze und Ihnen beginnt schwierig zu werden.

Dann kommt es – aus Sicht Ihrer Katze – zum GAU: Ein Wesen, das anders aussieht, anders riecht, andere Laute von sich gibt als alles, was die Katze je erlebt hat, drängt sich in ihr Revier und bekommt all die Zuwendung und Fürsorge, die bisher ihr galt. Ihre tägliche Routine gerät völlig aus dem Takt. Das Schlimmste aber: Dieses fremde Wesen vom andern Stern ist offenbar gekommen, um zu bleiben!

Voraus planen

Natürlich gibt es jetzt hundert andere Dinge zu bedenken, doch wenn Sie Ärger vermeiden wollen, müssen Sie die Katze auf den bevorstehenden Wandel vorbereiten. Hat Ihre Katze bisher keine Erfahrung mit Babys oder Kindern gemacht, sollten Sie sich darum bemühen, das schleunigst nachzuholen:

- Laden Sie Freunde mit Babys ein; kümmern Sie sich während des Besuchs intensiv um die Katze. Sie assoziiert das kleine Wesen dann mit Zuwendung und Leckerbissen.
- Spielen Sie gelegentlich eine CD mit Babygeschrei.
- Bringen Sie die neue Babyausstattung nicht auf einmal, sondern nach und nach ins Haus, damit die Katze sich an jedes neue Stück gewöhnen kann.
- Verringern Sie die Zuwendung, die der Katze gilt, in minimalen Schritten.

Ist es dann soweit, gehen Sie weiterhin schrittweise vor. Konfrontieren Sie die Katze nicht plötzlich mit dem Säugling, bringen Sie ihr erst »Schnupperstücke«, etwa ein getragenes Kleidungsstück des Kindes. Vernachlässigen Sie die Katze nicht, schenken Sie ihr aber auch nicht mehr Zuwendung als zuvor. Für die Katze ist es am besten, wenn sich ihr Tagesablauf so wenig wie möglich ändert.

Ist das Baby dann da, muss die Katze einen Ort haben, wohin sie sich, wenn es ihr zuviel wird, ungestört zurückziehen kann. Sie haben jetzt die Verantwortung für Baby und Katze!

VERHALTENS-STÖRUNGEN

Inzwischen haben Sie viel über Ihre Katze gelernt, kennen die für sie heiklen Situationen und wissen, warum dies oder das schief gelaufen ist. Sie hatten möglicherweise unrealistische Erwartungen oder haben bestimmte Verhaltensweisen falsch interpretiert und nicht gesehen, dass sich Unheil anbahnt. Ohne böse Absicht haben Sie Ihre Katze vielleicht unter Druck gesetzt oder die Auswirkungen kleiner Alltäglichkeiten unterschätzt, ganz zu schweigen von den großen Veränderungen, an die auch wir uns nur mühsam gewöhnen. Das emotionale Gefüge der Katze gerät jedoch sehr leicht aus dem Gleichgewicht – Verhaltensstörungen sind dann die Folge. Auch Krankheiten, besonders bisher unentdeckt gebliebene, können Verhaltensstörungen auslösen. Ehe man an die Lösung des Problems geht, muss man immer erst die Gründe dafür erforschen.

Problematisches Verhalten?

Ein Problem zu erkennen, scheint leicht. Fügt sich eine Katze durch zwanghaftes Putzen selbst Schaden zu, so ist das eindeutig eine Verhaltensstörung. Was aber, wenn sie »bloß« die Möbel verkratzt? Was für den Halter ein gravierendes Problem ist, mag auch Sicht der Katze völlig normal sein.

Wenn etwas schief läuft

Hat eine Katze eine Verhaltensstörung, kann die Reaktion des Menschen darauf die Sache verschlimmern. Die Katze spürt, wenn Sie verärgert sind, kann aber nicht erkennen, dass sie selbst der Grund dafür ist. Sie reagiert, indem sie eine weitere Verhaltensstörung – etwa zwanghaftes Putzen – entwickelt, um sich auf diese Weise selbst zu versichern, dass alles in Ordnung ist; tatsächlich aber kommt auf diese Weise ein Teufelskreis in Gang.

Einige Probleme sind sehr leicht zu erkennen und rasch zu beheben. Doch es wäre ein großer Fehler, nur die Oberfläche der Angelegenheit zu betrachten. Es lohnt sich immer, die Sache aus der Sicht der Katze zu beurteilen und alle Aspekte ihres Verhaltens zu berücksichtigen, wenn man an die Problemlösung geht.

Suche nach der Motivation

Der Grund, warum eine Katze eine bestimmte Verhaltensstörung an den Tag legt, ist der beste Schlüssel zum Verständnis und dann zur Behebung des Problems. Manche Gründe scheinen auf der Hand zu liegen, manchmal aber ist es schwerer, ihnen auf die Spur zu kommen, denn oft genug hat ein Problem mehrere oder sich im Laufe der Zeit wandelnde Gründe. Sie müssen alles in Betracht ziehen, oder ihre Diagnose fällt falsch aus, und damit dann auch die »Heilung« des Problems.

Ein Paradebeispiel für eine mögliche beiderseitige Fehlinterpretation ist FIC (siehe Seite 128–129). Diese durch Stress ausgelöste Harnwegserkrankung verursacht der Katze Schmerzen beim Urinieren, die sie zwangsläufig mit dem Ort assoziiert, wo sie Harn lässt. Sie meidet folglich ihr Katzenklo und erleichtert sich an immer neuen Stellen. Der Halter, der diese Ursache nicht kennt, wird (verständlicherweise) zornig, wenn die Katze anfängt auf den Teppich zu pinkeln und schimpft sie aus, was bei der Katze Frust und Stress auslöst – der Teufelskreis ist perfekt. Hier müsste nach der Ursache des Stresses geforscht werden, die das Ganze ursprünglich ins Rollen brachte.

Goldene Diagnoseregeln

Die wichtigste Regel heißt: Ruhe bewahren! Bestrafen Sie die Katze niemals und entziehen Sie ihr nicht Ihre Zuneigung! Die Katze würde den Grund dafür nicht verstehen, denn sie hat kein Schuldbewusstsein. Eine Änderung Ihres Verhaltens setzt die Katze lediglich unter Druck, das Problem verschlimmert sich.

Sie dürfen niemals vergessen, dass Katzen keine menschlichen Gefühle kennen. Sie sind nicht böse, hinterhältig oder verschlagen – aber auch nicht dankbar!

- Beobachten Sie das Verhalten Ihrer Katze im Lichte dessen, was Sie über das typische, normale Katzenverhalten gelernt haben.
- Berücksichtigen Sie das genetische Erbe Ihrer Katze, ihre Sozialisierung, ihre früheren Erlebnisse und Erfahrungen mit anderen Menschen oder Tieren, die sie innerhalb und außerhalb ihres jetzigen Heims gemacht hat.
- Überlegen Sie, wann das Problem angefangen hat. Was hat sich im Umfeld der Katze zu diesem Zeitpunkt verändert? Gab es etwas, was für die Katze zu viel war, ein Einzelereignis oder eine Reihe vieler Kleinigkeiten?
- Was geschah seither? Haben Ihre Reaktionen die Sache verschlimmert oder verbessert? Dies ist eine wichtige Frage, wenn die Verhaltensstörung nur zeitweise auftritt. Die Situation aus der Sicht der Katze zu beurteilen hilft, dem eigentlichen Problem auf die Spur zu kommen.

Links: *Essen von Ihrem Teller zu stibitzen ist eine Instinkthandlung – die Katze ist ein Raubtier, das auf Beutezug geht. Verhindern Sie, dass sie zu solchem Tun Gelegenheit hat!*

Rechts: *Bei einem Kätzchen mögen wir dies »süß« finden, doch sollte man es ihm sanft abgewöhnen; die erwachsene Katze könnte es sonst beibehalten.*

Links: *Das gesammelte Wissen, das Veterinäre und Verhaltensforscher zusammengetragen haben, hilft den Haltern von »Problemkatzen«, Lösungen zu finden.*

Rechts: *Besonders in Mehrkatzenhaushalten ist die Verschmutzung mit Fäkalien ein häufiges Problem, das durch genaue Beobachtung der Gründe gelöst werden kann.*

Individuelle Probleme

Gibt es Schwierigkeiten mit dem Verhalten Ihrer Katze, haben Sie den Grund dafür vielleicht schon entdeckt und Maßnahmen ergriffen. Doch es ist immer eine gute Rückversicherung zu erfahren, dass auch andere Katzenfreunde schon mit diesem Problem konfrontiert waren. Die Verhaltensstörung, die kein Halter wünscht, ist die nie zuvor beobachtete.

Verschmutzung der Wohnung

Dies ist ein weit verbreitetes Problem, bei dem man niemals nur das Verhalten an sich betrachten darf. Vielmehr muss man alles in Betracht ziehen, was einen Effekt auf die Katze hat, vom Katzenklo angefangen, und sich fragen, wie befriedigend oder störend es sich auf sie auswirkt. Im Mehrkatzenhaushalt muss man das Verhalten aller Katzen im Auge behalten.

- Halten Sie schriftlich fest, wann und wo das Phänomen auftritt; es hilft das zugrunde liegende Problem aufzuspüren.
- Unterscheiden Sie zwischen unangebrachter Entleerung (vielleicht aus Krankheitsgründen) und dem Setzen von Duftmarken. Manchmal fällt beides zusammen.
- Was Sie der „Problemkatze" für ihre Bedürfnisse bieten, mag ganz in Ordnung sein, vielleicht hindert eines der anderen Tiere (oder ein Mensch) die Katze an der ordnungsgemäßen Benutzung.

Haben Sie das Problem erkannt, beheben Sie den Mangel so rasch und gründlich wie möglich, ohne – im Mehrkatzenhaushalt – dadurch ein anderes Tier zu benachteiligen.

Aggression

Katzen zeigen häufig Aggression – gegenüber Menschen ebenso wie gegenüber anderen Katzen, Hunden oder anderen Tieren. Üblicherweise ist das ein normales Verhalten; niemals unterliegt ihm die Absicht, ungezogen sein zu wollen. Dennoch darf man es als Halter nicht einfach ignorieren. Man muss es vielmehr verstehen lernen, zumal, wenn aggressives Verhalten häufiger auftritt und der Grund nicht sofort ersichtlich scheint, wie etwa, wenn ein Mensch mit einem Hund zu Besuch kommt.

Zunächst gilt es herauszufinden, warum die Katze aggressiv ist. Diesen Grund auszuschalten ist sehr viel besser, als die Katze zu ermahnen, gar zu strafen. Sehr häufig reagiert die Katze aus Angst aggressiv. Dem wiederum kann eine schlechte Sozialisierung oder ein furchteinflößendes, vielleicht sogar schmerzhaftes Erlebnis zugrunde liegen. Im Mehrkatzenhaushalt kann es sein, dass eine andere Katze ihr den Zugang zu ihren Ressourcen behindert. Prüfen Sie, ob alle Katzen freien Zugang zu ihrer Nahrung, ihrer Toilette, zur Katzenklappe haben. Bei engen Wohnverhältnissen kann es sein, dass die Katze an Kontrollverlust leidet und deshalb aggressiv reagiert.

Fragen Sie sich ehrlich, ob Sie von Ihrer Katze nicht Unmögliches an Anpassung verlangten, indem Sie sie etwa mit neuen Hausgenossen konfrontierten, gegen die sich die Katze ja abgrenzen, vielleicht gar zur Wehr setzen muss. Jedes Einzeltier muss aber seinen unangetasteten Kernbereich haben. Unbewusst und ungewollt ausgeübter Druck ist oft der Grund des Problems. Es obliegt Ihnen, hier Abhilfe zu schaffen; die Katze kann es nicht.

Jagdverhalten

Alle Katzen haben einen angeborenen Jagdinstinkt, den sie nicht unterdrücken können. Fehlt es ihnen an Möglichkeiten, den Trieb auszuleben, können Artgenossen, der wedelnde Schwanz eines Hundes oder, besonders beliebt, die Fußknöchel von Menschen zum Ersatzobjekt werden, in das die Katze plötzlich ihre Krallen und Zähne schlägt. Um das zu verhindern, muss man der Katze andere Möglichkeiten bieten:

- Eine komplexe, stimulierende Umgebung, in der es nicht an Einrichtungen mangelt, die auf Trab halten.
- Geeignetes Spielzeug, an das sich die Katze anschleichen, das sie belauern, jagen, fangen und schließlich zerreißen kann.

Wichtig ist, dass Sie nie so reagieren, dass die Katze es als eine Belohnung interpretieren könnte. Ein aufschreiendes, hektisch fuchtelndes »Opfer« ist für die Katze völlig normal und signalisiert ihr Jagderfolg. Attackiert sie also Ihre Knöchel, müssen Sie diese unattraktiv machen und sei es dadurch, dass Sie im Hause dicke Lederstiefel tragen und die Katze bei oder unmittelbar vor jedem Angriff sofort durch ein anderes Spielzeug ablenken, bis sie die »Knöcheljagd« aufgibt.

Frustration

Auch ihrer Frustration kann die Katze durch Aggressivität Luft machen. Der Grund für dieses Verhalten kann in ihrer Vergangenheit liegen: Ein zu sehr verwöhntes Kätzchen lernt nicht, dass es sich damit arrangieren muss, wenn ihm etwas verweigert wird, was es haben will. Ein Freigänger muss vielleicht aus vernünftigen Gründen längere Zeit im Haus gehalten werden und reagiert darauf aggressiv. Kann man die Quelle der Frustration ausräumen, wird man auch die Aggression mildern.

Angst und Stress

Furcht und Stress gehen meist Hand in Hand. Es sind Emotionen, die, wenn sie anhalten, sehr negative Auswirkungen auf das Wohlbefinden der Katze haben. Sie mindern ihre Lebensqualität und untergraben ihre Beziehungen zu anderen Lebewesen, zwei- wie vierbeinigen. Leider wird der Zustand oft nicht entdeckt, denn betroffene Katzen ziehen sich einfach nur zurück, ähnlich wie ein depressiver Mensch.

WAS KANN MAN TUN?
Um der Katze zu helfen, müssen Sie alles berücksichtigen, was Sie bisher über normales, instinktives, ererbtes Katzenverhalten gelernt haben. Folgendes gilt es vorbeugend zu beachten:

- Eine gute Sozialisierung und Gewöhnung (siehe Seite 86–87) ist enorm wichtig.
- Bezüglich des genetischen Erbes, des individuellen Temperaments und der Lebensgeschichte der Katze darf man keine übertriebenen Erwartungen hegen.
- Die Katze braucht eine interessante, ihr angemessene Umgebung, die sie nicht ängstigt, aber alles enthält, was sie zum Ausleben ihrer Instinkte benötigt.
- Man muss mit der Katze einfühlsam umgehen und darf sie nicht als einen »Kindersatz« behandeln.
- Gute Vorausplanung hilft, Stressauslöser weitgehend zu meiden.
- In potenziell schwierigen Zeiten muss man zusätzliche Hilfe und besonderen Schutz bieten.

Berücksichtigen Sie all dies, wird es Ihnen leichter fallen, die besonderen Bedürfnisse Ihrer Katze zu erkennen und angemessen zu befriedigen.

Sollte es aber trotz aller Ihrer Bemühungen zu Problemen kommen, bringen Sie die Katze zum Tierarzt. Er wird sie genau untersuchen, um zu sehen, ob ein eventuelles medizinisches Problem übersehen wurde. Falls kein medizinisches Problem vorliegt, sollten Sie den Dienst eines qualifizierten Verhaltenstrainers in Anspruch nehmen und seine Ratschläge beachten.

ZWANGSSTÖRUNGEN
Diese Kategorie von Verhaltensstörungen, die durch Stress ausgelöst werden, haben gravierenden Einfluss auf das allgemeine Wohlbefinden der Tiere. Man fasst unter dem Begriff »Zwangsstörungen« Verhaltensweisen zusammen, die stereotyp und obsessiv ausgeführt werden. Dabei ist sehr fraglich, ob sich die Katze dieser Zwanghaftigkeit in der Form bewusst ist, wie es Menschen sind, die an neurotischen Zwangsstörungen (etwa einem Waschzwang oder einem Kontrollzwang) leiden. Dennoch ist die Bezeichnung treffend, denn die Verhaltensstörungen dieser Kategorie werden immer wieder in einer Weise ausgeführt, die die Vermutung zulässt, dass die Katze unter einem inneren Zwang steht, die jeweilige Handlung immer wieder auszuführen.

MOTIVATION UND FRUSTRATION
Nicht nur Stress trägt zur Entwicklung dieser Störungen bei. Auch Frustration und Motivationskonflikte können Auslöser sein. Damit sind Zustände gemeint, die auch wir Menschen

kennen: Man ist hin und her gerissen und kann sich nicht entscheiden, was man tun soll. Hält ein solcher Zustand länger an, kann sich daraus ein zwanghaftes Verhaltensmuster entwickeln. Was den Konflikt auslöst, kann unentdeckt bleiben, oft ist es ein Faktorenbündel, in das soziale, individuelle und auf die Umwelt bezogene Aspekte hineinspielen, doch auch eine genetische Veranlagung spielt wohl eine Rolle, denn einige Rassen sind besonders anfällig.

WAS ZEIGT SICH?

Es gibt verschiedene Zwangsstörungen, an denen Katzen leiden können; am häufigsten sind:

Psychogene Alopezie

Bei dieser Störung putzt sich die Katze so exzessiv, dass sie am Bauch und der Innenseite der Schenkel kahle Stellen bekommt. Normaler Haarausfall hinterlässt ein glattes, glänzendes Fell. Durch das unablässige Lecken, Beißen und Reißen am Fell gehen ganze Haarbüschel aus, das Fell wird struppig.

Selbstverletzung

Manche der betroffenen Katzen attackieren zwanghaft ihr eigenes Hinterteil und ihren Schwanz. Beim orofazialen Schmerzsyndrom lecken und kauen die Tiere exzessiv an sich und verletzen mit den eigenen Krallen ihre Mundregion. Man beobachtet die Störung vor allem bei Burmesen. Auch Siam, Burmilla und andere Kurzhaarkatzen sind häufiger betroffen. Bemerkt man das Verhalten, dem ursprünglich ein Zahnproblem zugrunde liegen kann, muss man sofort den Tierarzt aufsuchen.

Hyperästhesie

Katzen, die an diese Störung leiden, zeigen als typischstes Symptom ein Zucken der Haut, das recht dramatische Formen annehmen kann. Außerdem haben sie gleichzeitig merkwürdige Anfälle, bei denen sie fast zu halluzinieren scheinen. Sie jagen wild umher und bleiben plötzlich wie angewurzelt stehen. Diese Anfälle unterscheiden sich stark von den »komischen fünf Minuten«, die manche Katzen zur Fressenszeit am Morgen oder Abend haben.

Pica

»Pica« ist das abnorme Verlangen, an Materialien zu saugen und zu knabbern, die keine Nahrungsmittel sind. Siamesen und Burmesen sind anfällig für Wolle und Textilien.

Oben: *An Hyperästhesie leidende Katzen tollen wild umher und bleiben plötzlich wie angewurzelt stehen.*

Links: *Siamesen und Burmesen sind anfällig für die „Pica" genannte Angewohnheit, an Wolle und Textilen zu knabbern.*

Der ganzheitliche Ansatz

Alle Zwangsstörungen erfordern eine gründliche Untersuchung der Ursachen. Nicht nur die psychogene Alopezie oder die Selbstverletzung kann zu großflächigem Haarausfall führen, auch äußere Parasiten und FLUTD (siehe Seite 128–129) können ihn auslösen, während »Pica« als Nebenerscheinung verschiedener organischer Krankheiten auftritt. Ziel muss immer sein, die Krankheit zu behandeln und Schmerz zu lindern.

Die Prognose

Abgesehen von den Gesundheitsrisiken und dem Schaden, den sich die Katzen selbst zufügen, sind Zwangsstörungen bei Katzen obendrein für uns Menschen leider schwer zu verstehen. Die biologischen Mechanismen, die den Auslösern – Stress, Frustration und Motivationskonflikte – zugrunde liegen, sind meist komplex und von Katze zu Katze verschieden. Auch die Neurotransmitter Dopamin und Serotonin sowie die körpereigenen Endorphine können in den Prozess hineinwirken.

Zum Glück aber nimmt unser Wissen über diese Störungen stetig zu und damit auch unsere Möglichkeiten, betroffenen Katzen nachhaltig zu helfen. Auch wenn es selten gelingt, sie völlig zu heilen, kann man doch dazu beitragen, ihr Leben erträglich zu machen und die Zwangsstörung zu lindern.

Je besser wir unsere eigene Katze kennen, desto besser sind wir auch in der Lage, ihr zu helfen, sollte sie irgendwelche Verhaltensstörungen entwickeln.

Hoffnungsschimmer

Oft ist es nötig, die gründliche Untersuchung des Verhaltens mit klinischen Gesundheitstests zu kombinieren, um keine wertvolle Zeit zu vertun, während der sich der Zustand der Katze verschlechtern könnte. Manchmal lässt sich keine körperliche Ursache finden. Dann bleibt nur die Verhaltenstherapie, die allerdings durch Medikamente ergänzt werden kann.

Ziel der Verhaltenstherapie ist eine Änderung des individuellen Verhaltens der Katze. Dazu stützt sie sich auf die Persönlichkeit, die Lebensgeschichte und die herrschenden Lebensumstände der Katze. Berücksichtig wird vor allem:

- Das natürliche Katzenverhalten
- Die Möglichkeit der Umweltbereicherung
- Der Einfluss des sozialen Umfelds der Katze und ihre Interaktionsmuster mit diesem Umfeld

Gelegentlich werden der Katze zusätzlich Psychopharmaka verabreicht, Medikamente, die den Antidepressiva ähnlich sind, mit denen man Menschen behandelt. Doch die Palette der für Katzen geeigneten Medikamente ist deutlich kleiner.

Natürlich wäre es besser, Zwangsstörungen wären gar nicht erst aufgetreten. Deshalb ist es so enorm wichtig, dass Sie alle bisher in diesem Buch erwähnten Prinzipien beim täglichen Umgang mit Ihrer Katze beachten.

Kann man Katzen heilen?

Wenn es um Zwangsstörungen geht, ist »Heilung« ein problematischer Begriff. Man spricht besser von »Lösung«, denn das Wort Heilung suggeriert, dass die Störung bleibend behoben ist. In der Tat kann ein Verhaltenstherapeut viel bewirken. Die Katze kann zu einem »normalen« Verhalten zurückfinden, doch sobald sich ihre Lebensumstände verschlechtern, kann es zu einem Rückfall kommen.

Die stillen Dulder

Zwangsstörungen sind recht extreme Manifestationen von Stress, Frustration und Motivationskonflikten. Da sie aber immer häufiger vorkommen, wird vermutet, dass die Auslöser sehr viel weiter verbreitet sind, als üblicherweise erkannt wird, denn mit unserem eigenen Lebensstil haben sich auch die Lebensverhältnisse der Katzen verändert – und nicht immer zu ihrem Vorteil.

Die Vorfahren unserer Hauskatzen pflegten einen unabhängigen und einzelgängerischen Lebensstil, der sich bei unseren Lieblingen erhalten hat, selbst wenn sie eng mit uns zusammen leben. Nicht alle ziehen unsere Aufmerksamkeit auf sich. Veterinäre und Verhaltensforscher machen darauf aufmerksam, dass es „reaktionsarme" Katzen gibt, die sich einfach emotional verschließen und zurückziehen. Sie sind in keiner Weise verhaltensauffällig, leiden aber dennoch an chronischem Stress. Da die Anzeichen dafür so unmerklich sind, bleibt das Leiden der Katze unerkannt, bis es sich vielleicht in einer körperlichen Erkrankung Bahn bricht. Für alle, denen das Wohl der Hauskatzen am Herzen liegt, ist dies ein Bereich, in dem es noch viel zu erkunden gibt.

Rechts: *Arbeiten Halter und Tierarzt zusammen, können sie Verhaltensstörungen bei Katzen bekämpfen.*

Links: *Eine Katze, die extrem ruhig und passiv ist, leidet möglicherweise unerkannt an chronischem Stress. Fortschritte im Verständnis von Verhaltensstörungen können diesen stillen Duldern helfen.*

Ein Lichtblick

Zum Glück sind nicht alle Probleme der Katzen so gravierend wie Zwangsstörungen. Manche Verhaltensweisen sind gefährlich, etwa das Knabbern an Pflanzen, die Giftstoffe enthalten, oder an stromführenden Elektrokabeln, andere aber sind einfach nur amüsant (zumindest eine Zeitlang) und sogar liebenswert.

Links: Manche Verhaltensweisen, wie das Pföteln, mögen uns problematisch scheinen, aber sie sind auch liebenswert.

Ganz links: Wo Katze und Halter sich gut verstehen, wird das Leben von beiden angenehm bereichert.

Saugen und kneten

Es gibt »normale, aber ärgerliche« Katzengewohnheiten, die so tief im Individualcharakter der Tiere verankert sind, dass keine Maßnahme dagegen fruchtet. Dazu gehört die Gewohnheit, am Ohr des Halters zu saugen oder auf Decken, Kissen oder dem Schoß eines Menschen zu »pföteln«. Beides sind beibehaltene instinktive Verhaltensweisen der Jungkätzchen, die an den Zitzen der Mutter saugen und dabei zur Anregung des Milchflusses den Leib der Mutter mit den Pfoten bearbeiten. Werden die Kätzchen zu früh entwöhnt oder jung kastriert, kann sich die Angewohnheit ein Leben lang erhalten. Dem Menschen bleibt nichts anderes übrig, als sich damit abzufinden.

Aufmerksamkeit wecken

Eine Katze versucht auf verschiedene Weise auf sich aufmerksam zu machen. Beachten Sie unbedingt, dass alles, was sie einmal tat und eine hinreichend befriedigende menschliche Reaktion hervorrief, die Chance hat, bleibend in ihr Repertoire aufgenommen zu werden. Doch was beim ersten Mal noch amüsant sein kann, entwickelt sich im Laufe der Zeit nur zu leicht zu einer für Sie lästigen, gar ärgerlichen Gewohnheit. Vorsicht also mit einer Reaktion, die die Katze als Bestätigung auslegen könnte.

Vor allem sollten Sie weder lachen noch aufschreien, etwa wenn ihre kluge, aber gelangweilte Siamkatze anfängt, an einem alten Pullover zu nuckeln. Im ersten Moment mögen Sie sich freuen, eine gute Entschuldigung dafür zu haben, sich einen neuen Pullover zu kaufen. Wenn dann aber just dieser neue Pullover Opfer der Nuckelattacke wird, ist es gar nicht mehr so lustig. Muss die Katze dann gar wegen eines Darmverschlusses, verursacht durch die geschluckten Wollfäden, operiert werden, kann das mehr kosten als ein wunderschöner Kaschmirpullover! Von der Aufregung ganz zu schweigen.

Die ulkigen Gewohnheiten unserer Katzen machen deren Charme aus. Doch wir sind es unseren vierbeinigen Hausgenossen schuldig, alles, was sie tun, auf ihre möglichen schädlichen Folgen (für sie selbst und für andere) hin zu prüfen. Außerdem können wir nur durch genaue Beobachtung sicher sein, dass eine neu entwickelte Gewohnheit nicht der Langeweile oder gar unterdrücktem Stress entspringt.

Zu guter Letzt

Seit Jahrhunderten leben Katzen und Menschen zusammen, doch nie zuvor war dieses Zusammenleben so eng wie heute. Katzen haben schon zahllosen Menschen Freude bereitet. Durch ihr bloßes Dasein unterhalten, amüsieren und trösten sie uns, und wir kümmern uns deshalb gern und mit Vergnügen um unsere vierbeinigen Freunde.

Die Zahl der Katzenhalter scheint stetig zu steigen. Immer mehr Menschen, die früher wenig für Katzen übrig hatten, entdecken ihre Zuneigung zu den eigenwilligen Hausgenossen und holen sich eine Katze ins Haus oder die Wohnung. Umso mehr Grund aber haben wir, so viel wie möglich über diese Tiere zu lernen, damit sie sich in unserer Nähe auch wohl fühlen.

Wir sind es den Katzen schuldig, dass wir uns darum bemühen, die Welt aus ihrer Sicht zu sehen. Zwar können wir nicht mit ihnen sprechen, aber wir können lernen, ihre Kommunikationsmittel zu verstehen und so zu erfahren, was sie uns über ihr Befinden und ihre Bedürfnisse mitteilen. Ignorieren wir ihre Hinweise, so ist das nicht nur für die Katze zum Nachteil, sondern letztlich auch für uns selbst. Wenden wir aber alles, was wir inzwischen über Katzen und ihr Verhalten wissen, in der richtigen Weise an und bemühen wir uns, dieses Wissen stetig zu erweitern, indem wir sie genau beobachten, machen wir nicht nur ihr Leben leichter, wir bereichern auch uns selbst. Denn wenn die Katze, mit der wir zusammenleben, glücklich und zufrieden ist, strahlt es auf uns zurück.

Register

A

Abessinier 110
Affilation 30–31
Afrikanische Wildkatze 9
Aggression 47, 56–57, 58, 72, 73, 93, 116, 132, 136, 151
Ahnen der Katzen siehe Vorfahren
Alopezie, psychogene 153, 154
Altern 100–103
Altersbeschwerden 122
Altersdemenz 102–103
Amerikanisch Kurzhaar 122
Anatomie 13, 14–17, 19, 42, 83
Angst siehe Ängstlichkeit, Furcht
Ängstlichkeit 25, 52, 57, 72, 126, 128, 152–155
Anlage, natürliche 76–77
Aufmerksamkeit erregen 25, 31, 35, 124, 126, 157
Aufwachritual 70
Aufzucht der Jungen 29, 76–77, 80–81, 88–89, 91, 110
Augen 13, 14, 16–17, 20, 72
Ausgesetzte Katzen 28, 30
Ausscheidungen 62–63, 64–65
Ausscheidungsverhalten 62–67
Aussichtspunkt 18, 47

B

Babys & Kinder 51, 79, 87, 127, 144–145
Begrüßungsritual 14, 22, 24, 33, 52
Beidäugiges Sehen 17
Bengal 110
Besucher 87, 88, 108, 115, 134, 136–137
Beute 2, 13, 14, 19, 27, 32, 34, 38, 40, 68, 91
Bindungsrituale 31, 52
Binokulares Sehen 16, 17
Birman 110
Bisse 13, 40
Blasenentzündung siehe FLUTD
Britisch Kurzhaar 110, 153
Burma 110, 153
Burmilla 153

C

Charakter (siehe auch Persönlichkeit) 75, 76–77, 78, 79, 80, 96
Cornish Rex 110

D

Dämmerungsaktivität 18, 68
Darmverschluss 157
Demenz 102–103
Devon Rex 110, 122
Domestizierte Katze 20, 24, 28
Domestizierung 9, 26, 75
Dopamin 154
Dosenfutter 43, 44
Duftdrüsen 20, 50, 51, 52
Duftmarke 19, 20, 23, 31, 33, 47, 50, 113, 133–134, 143
Duftstoffe 51, 52
Durchfall 17, 62

E

Einzeltier 91
Endorphine 154
Entwicklung 41, 60, 61, 83, 84–85, 86–87, 101
Erbgut 75, 76–77, 78, 80
Erkrankungen der ableitenden Harnwege (FLUTD), 106, 122–123, 128–129, 154
Ernährung 124–125, 126–127
Ersatzhandlung 59
Erwerb einer Katze 92, 94–95
Europäische Wildkatze 9

F

Farbsehen 16–17
Fauchen 22
Fehlverhalten siehe Verhaltensstörung
Felis catus 9, 11
Felis silvestris 9
Fellpflege (siehe auch Putzverhalten) 13, 23, 59, 70, 79
Ferien 142–143
Fettleibigkeit 42, 43, 106, 122, 124–127
FIC 128, 148
Flehmen 17, 115
Fleischfresser 12, 17
Flöhe 112, 121
Flucht 58, 59
FLUTD 106, 122–123, 128–129, 154
Fortpflanzungsverhalten (siehe auch Geburt & Trächtigkeit, Paarung, Rolligkeit) 27, 48
Freigänger 66, 68, 107, 108, 139
Freigehege 109
Fressverhalten 42–43, 44, 101, 102, 113, 117, 118, 124–127
Freundschaft unter Katzen 30–31
Frustration 61, 106, 114, 148, 151, 152–153
Furcht 58–59, 72, 73, 77, 87, 93, 125, 152–155
Fütterungsplan 42, 126

G

Garten 45, 48, 52, 66–67
Gäste siehe Besucher
Geburt & Trächtigkeit 84–85, 86
Gefahrenmeidung 19, 68
Gegenseitiges Putzen 31, 118
Gehirn 83, 102
Gehör 13, 14–15, 17
Gelenkerkrankungen 122
Genetische Veranlagung 115
Genetisches Erbe 9, 35, 101, 152
Genpool 79
Genvererbung 19, 76–77
Geräusche (siehe auch Lärm) 68
Geruch 47, 51, 87, 143, 144–145
Geruchssinn 13, 14, 17, 20
Geschlechtshormone 97, 98–99
Geschlechtsreife 19, 29, 33, 48, 96–97, 100, 115
Geschmackssinn 14, 17
Geselligkeit 26–27, 30–31, 33, 47
Gesundheit 20, 25, 64, 93, 101, 121–123
Gewöhnung 86–87, 152
Giftstoffe 43, 124, 156
Gleichgewicht 16, 19
Gras 42, 43
Grußrituale 14, 22, 24, 31, 33

H

Haarausfall 153, 154
Halb verwilderte Katzen 28, 30
Harnwegserkrankung siehe FLUTD
Heimatbereich 48, 51, 54
Herzmuskelerkrankungen 122
Hormondrüsen 48
Hormone 83
Hund 6, 9, 20, 21, 23, 27, 51, 52, 145
Hyperästhesie 153, 154

I

Idiopathische Cystitis (FIC) 128
Immunsystem 92
Imponieren 14, 21
Indische Wildkatze 9
Instinkt 84, 115, 116, 149, 151

J

Jacobsonsches Organ 17
Jagd 12, 13, 14, 16, 18, 19, 20, 27, 29, 32, 34, 37–42, 44, 91
Jagdinstinkt 115, 151
Jagdrevier 48
Jagdtechnik 96
Jungkatze 60, 65, 66, 80–81, 83–95, 115, 118, 124, 132, 157

K

Kampf 20, 23, 29, 50, 57, 59, 99
Kastration 30, 33, 41, 48, 96, 97, 98–99, 100, 116, 157
Kastrierte Katze 54, 100, 116
Kater 29, 48, 54, 77, 96–99
Katzengemeinschaften 28–29, 30–31
Katzengras 43
Katzen-Kindergarten 89, 140
Katzenklappe 89, 101, 107, 109
Katzenklo 50, 62–63, 66–67, 89, 112–113, 151
Katzenkolonie 28–29, 30
Katzenminze 115
Katzenpension 134, 139, 142–143
Katzenrassen 9, 110–111
Katzensitter 142, 143
Katzenstreu 64–65, 66–67, 112–113
Kauapparat 13, 42
Kernbereich 48, 52, 54, 62, 143, 144
Kinder & Babys 79, 87, 95, 127, 145
Kognitives Dysfunktionssyndrom (KDS) 102
Kommunikation 16, 19, 20–21, 22–23, 24, 31
Konfliktlösung 20–21, 23
Kontrolle 29, 47, 56, 60, 108–109, 115, 116
Körperbau 13
Körperliche Fitness 60
Körpersprache 20, 23, 35, 57, 72–73
Körpertemperatur 86, 91
Kotmarken 50, 54–55, 151
Krallen 13, 50, 51
Kranke Katze 122–123, 128–129, 140–141
Krankheitserreger 62
Krankheitszeichen 123

Kratzbaum 50, 109, 113
Kratzspuren 47, 50, 51, 112, 113, 148

L

Langeweile 106, 114, 115, 157
Lärm 134, 139, 143
Leine 109
Lockruf 22

M

Maine Coon 110
Markierung 47, 51–55, 56, 99, 112–113
Mechanorezeptoren 14, 15
Mehrkatzenhaushalt 29, 30, 48, 52, 85, 106–107, 116–119, 128, 151
Milch 17, 91
Motivationskonflikt 59, 106, 152–153

N

Nachbarkatze 48, 101, 134
Nahrungsbeschaffung 13, 27
Nahrungskette 12
Neophobie 43
Nervensystem 59, 86
Nestflüchter 84
Nesthocker 84
Neugeborenes Kätzchen 86
Neugier 60, 92
Nickhaut 69
Nocirezeptoren 15

O

Ocicat 110
Ohren (siehe auch Gehör) 14, 20, 72
Orofaziales Schmerzsyndrom 153
Östrogen 99

P

Paarung (siehe auch Fortpflanzungsverhalten, Geburt & Trächtigkeit, Rolligkeit) 19, 22, 24, 29, 77, 98–99
Paarungsbereitschaft 54, 98
Parasiten 64, 70, 112, 121, 154
Permanente Unruhe 106
Perserkatze 79, 111, 122, 128
Persönlichkeit, individuelle (siehe auch Charakter) 33, 47, 57, 78–79, 110–111
Pföteln 24, 25, 157
Pfoten & Krallen 13, 14, 19, 51, 65, 70
Pheromone 52, 137, 139, 144
Pica 153, 154, 157
Prägung 80, 86–87, 89, 92
Psychogene Alopezie 128, 153, 154
Psychopharmaka 155
Pupille 16, 72
Putzverhalten 93,102, 132

R

Ragdoll 111
Rangordnung 27
Rassekatze 9, 27, 79, 94, 110–111
Rassenmerkmale 110–111
Reisen 139, 142–143
REM-Schlaf 69, 70
Revier 18, 19, 20, 22, 29, 30, 46–47, 48, 51–55, 60, 99, 108, 118, 134, 145
Reviermarkierung 51–55
Revierstreitigkeiten 134
Risikovermeidung 12–13, 19, 56–57
Rolligkeit 97, 99
Ruhen & Schlafen 47, 68–70, 101, 112, 116, 136, 139
Russisch Blau 79, 111

S

Schlaf 68–70
Schlafmangel 70
Schlafphasen 69
Schlafplatz 112
Schmerzempfinden 15, 128, 149, 153
Schnurren 22, 24–25, 33
Schnurrhaare 14, 17, 20, 44, 72–73
Schwanzsignale 72–73
Scottish Fold 122
Sehvermögen 14
Selbstverletzung 153, 154
Sexuelle Reife 19, 29, 33, 48, 96–97, 100, 115
Siam 79, 111, 153, 157
Sinne der Katze 13, 14–17
Soziale Bindung 115
Sozialisierung 60, 86–87, 88–89, 95, 96, 114, 129, 152
Spannung & Spannungsabbau 23, 52, 116, 126, 132
Spiel 31, 60, 61, 91, 96, 114, 115, 126–127
Spiel mit der Beute 40, 41
Spielzeug 41, 47, 60, 61, 80, 88, 115, 136–137
Stadien der Jagd 39–40
Stammbaumkatze siehe Rassekatze
Sternale Ruhelage 69
Streifzug 48, 97, 98, 99
Stress 47, 48, 52, 54, 55, 58, 59, 65, 77, 93, 108–109, 116–117, 128–129, 132, 139, 144–145, 148–149, 152–153
Stressabbau 133–134, 140–141, 143
Streuner 9, 27, 30, 97
SW-Schlaf 69, 70

T

Tapetum lucidum 16
Tasthaare 13, 14
Tastsinn 15
Testosteron 97, 99
Thermorezeptoren 15
Tierarzt 43, 45, 52, 88–89, 101, 122–123, 139, 140–141
Tierheim 94
Tierklinik 140–141
Toilettentraining 66–67, 91
Toilettenverhalten 54, 62–63, 66–67
Tötungsbiss 13, 40
Trächtigkeit & Geburt 84–85, 86, 97
Transportbox 139, 140–141
Träumen 70
Trinkgewohnheiten 44–45, q113
Trockenfutter 42, 43, 44, 128
Türkisch Van 111

U

Übergewicht 85, 99, 124–127
Überlebensstrategien 11, 13, 18, 19, 20, 27, 42
Übersprungshandlung 59
Umweltbereicherung 107, 109, 126–127
Umzug siehe Wohnungswechsel
Unterwerfung 21
Urinmarken 50, 52, 54
Urlaub siehe Ferien

V

Veränderungen im Wohnbereich 133–134
Veranlagung 75, 76–77
Verdauungssystem 42–43, 124
Vererbung 76–77
Verhaltensänderungen 101, 102–103, 128
Verhaltensproblem (siehe auch Verhaltensstörung) 124–125
Verhaltensstörung 6, 48, 52, 62, 64, 77, 93, 94, 106, 116, 112–113, 122–123, 129, 132, 144–145, 147, 148–149, 150–155
Verhaltenstherapie 122–123, 129, 154–155
Verhaltenstraining 123
Verhaltssauffälligkeit 85
Verletzung 25
Verschmutzung der Wohnung 150–151
Versteck 19, 29, 47, 57, 62, 112–113, 119, 132
Verteidigung 56
Verwilderte Katzen 27, 28, 30, 77
Veterinärmedizin (siehe auch Tierarzt, Tierklinik) 122
Vögel 12, 39, 115
Vorfahren der Katzen 9, 11, 12, 13, 37, 64–65, 68
Vorgeburtliches Stadium 86

W

Waschbär 14
Wasserbedarf 44
Wildkatze 9, 12, 13, 18, 20, 22, 41, 42, 126
Wohnungskatze 34, 50, 66, 79, 106–109, 112–113, 114, 115, 128, 134, 139
Wohnungswechsel 52, 129, 142–143
Wolf 27
Wurf 76–77, 78, 85, 91, 95, 98
Wurfkiste 85
Würmer 121

Danksagung der Autorin

Ich möchte allen im Verlagshaus Hamlyn, die an diesem Buch mitgearbeitet haben, meinen Dank aussprechen. Es war faszinierend und bereichernd zu sehen, wie sich das Projekt Schritt um Schritt entwickelte. Ich habe dabei viel gelernt und beobachtete mit Bewunderung, wie durch Fachwissen und Können aus einem schlichten getippten Manuskript ein wunderbares Buch wurde. Besonders Trevor Davies, der mir diese Möglichkeit einräumte, und Ruth Wiseall, meiner Lektorin, bin ich zu großem Dank verpflichtet. Mit dankenswerter und außerordentlicher Geduld haben sie mich bei diesem für mich neuen Unterfangen geleitet und begleitet.

Außerdem möchte ich gern all meinen Kollegen danken, die mir sowohl formell wie informell großzügig mit ihrem Rat und Wissen in allen Katzenangelegenheiten zur Seite standen. Mein Dank gilt auch meiner Familie und meinen Freunden, die mich besonders in der Zeit unterstützten, als ich dieses Buch schrieb. Vor allem aber bin ich allen Katzen verpflichtet, die ich in meinem Privat- wie in meinem Berufsleben kennen lernen durfte – sie haben mir nicht nur große Freude bereitet, sie haben mich auch sehr viel gelehrt.

Bildnachweis

Alamy/Paul Cox Front Cover; /Ace Stock Limited 73; /Arco Images 29, 33, 65, 99, 124; /Barry L. Runk 114; /Barry Mason 28, 49; /blickwinkel 31, 87; /Bloom Works Inc. 81; /Bob Turner 51; /Brian Hoffman 66; /CN Boon 84; /EP TravelStock 101; /Gari Wyn Williams 23; /Helene Rogers 17; /Isobel Flynn 64, 120, 125; /Jonathan Littlejohn 106; /Juniors Bildarchiv 40, 53, 113, 148; /Jupiterimages/Creatas 146, 150; /KonradZelazowski 137; /Lifestyle Concepts & Emotions 79; /Mark Duffy 94; /Mark Morgan 57; /Mylife photos 145; /Peter Cavanagh 47; /Peter Coombs 52; /Picture Partners 93; /Poligons Photo Index 34; /Rob Walls 132; /Sherab 82, 88; /Superclic 56; /tbkmedia.de 58; /Top-Pics TBK 86; /Webstream 129.

Ardea 62, 68, 72, 110, 119, 126, 139, 144, 55, 115, 149; /Francois Gohier 69; /Jean Michel Labat 19, 24, 26, 38, 41, 43, 50, 61, 76, 91, 109; /John Daniels 8, 10, 21, 36, 42, 60, 67, 74, 78; /Kenneth Fink 71.

Art Directors and Trip/Helene Rogers 151.

Corbis UK Ltd/Niall Benvie 111; /Alley Cat Productions/Brand X/ 96; /Carlos Avila Gonzalez 112; /Cynthia Diane Pringle 25; /Jane Burton 95; /Julie Habel 70; /PBNJ Productions 128.

FLPA/Mitsuaki Iwago/Minden Pictures Back Cover.

Getty Images/Jane Burton 107; /Andreas Kuehn 142; /Konrad Wothe/Minden Pictures 20; /Renzo Mancini 135.

istockphoto.com/Denis Tabler 155; /gwmullis 127; /Ira Bachinskaya 154; /Jamie Carroll 77; /Maartje van Caspel 18; /Marcus Lindstr√əm 48; /Maurice van der Velden 39; /Nicolette Neish 122; /Ricardo Garza 15; /Robyn Glover 6; /schwartz 89; /Shaun Lowe 16; /Trevor Allen 130, 138; /Valentin Casarsa 80.

Jupiterimages/Corbis 156; /Stephen Chiang 153.

Nature Picture Library/Bartussek/ ARCO 90; /De Meester/ARCO 102; /Francois Savigny 12; /Nick Upton 27.

NHPA/Laurie Campbell 59.

Photolibrary 104, 118; /Japack Photo Library 32; /Juniors Bildarchiv 13, 45.

RSPCA Photolibrary 22, 123; /Andrew Forsyth 140, 143; /Angela Hampton 85, 116, 141; /E A Janes 97.

Shutterstock 4; /aceshot 1 92; /Babusi Octavian Florentin 46; /April Turner 30; /Babusi Octavian Florentin 2; /Fernando Jose Vasconcelos Soares 108; /Floris Slooff 103; /Gregory Albertini 136; /J. Helgason 44; /Karl R. Martin 117; /Nicholas Rjabow 35; /Tatiana Morozova 14.

Warren Photographic 100, 152, 157.